하라는 공부는 안 하고

좌충우돌 청소년 무인도 동남아 국내 생존 탐험기

하라는 공부는 안 하고

지은이 | 이근우 · 이순오

인쇄 | 2019년 11월 29일

펴낸곳 | 한결하늘

출판등록 | 제2015-000012호

주소 | 경기도 안산시 단원구 선삼로4길 11(101호)

전화 | 031-8044-2869

팩스 | 031-8084-2860

메일 | ydyull@hanmail.net

ISBN 979-11-88342-12-9

＊잘못 만들어진 책은 교환해 드립니다. 값은 뒤표지에 있습니다

이 도서의 국립중앙도서관 출판예정도서목록(CIP)은 서지정보유통
지원시스템 홈페이지(http://seoji.nl.go.kr)와 국가자료종합목록
구축시스템(http://kolis-net.nl.go.kr)에서 이용하실 수 있습니다.
(CIP제어번호 : CIP2019047434)

하라는 공부는 안 하고

목 차

여는 글 ‖ 꿈 따라 걷는 산책 길

길 위에서 꿈을 묻다

제주 서쪽 끝 고산리 한 마을에서 두 아이와 한 달살이를 한 적이 있다. 주일이 되어 예배를 드릴 인근 교회를 찾다가 '순례자의교회'라는 곳을 찾게 되었다. 채 세 평이 되지 않는, 세상에서 가장 작아 보이는 교회였다. 그곳에는 다른 교회와 달리 삼무(三無), 즉 정기적인 예배, 담임하는 목사, 출석하는 교인이 없었다. 그 대신 내부의 작은 책상 위에는 성경 구절이 적힌 메모지가 담긴 말씀 캡슐이 있었고, 바깥벽에는 큰 글씨로 새겨진 "길 위에서 묻다"라는 문구가 있었다. 그 문구는 교회 방문자들을 '길'이라는 주제로 이끌어 주었다.

예전에 부모님께 깜짝 기쁨을 드리고 싶어서 고민한 적이 있다. 그러다 북촌의 인력거 여행을 알게 되었다. 청년들이 인력거에 부모님을 모시고 북촌의 골목골목을 누비면서 문화 해설도 들려 드리고 마을의 아기자기한 모습도 보여 드렸다. 90세의 노모는 이제 걷는 것도 숨 쉬는 것도 버거우신데, 인력거에서 보고 듣고 만난 골목길 안에 담긴 그 시간의 문화 여행에 매우 흡족해하셨다. 길은 우리를 문화로 이끌어 준다.

길이란 무엇일까. 길은 장소와 장소를 연결해 주고, 사람과 사람을 만나게 해 주며, 문화를 담아낸다. 길은 모든 역사의 시작점이다. 비탈길, 옆길, 숲길, 굽은 길, 외길, 눈길, 물길, 갈림길, 밤길, 꽃길, 바닷길, 지름길, 오솔길 등 오늘도 많은 사람이 다양한 길을 걸으며 살아가고 있다.

그 길 위에 우리의 청소년들도 서 있다. 아직 이루어 가야 할 꿈을 가졌기에 청소년들은 꿈을 따라 길을 걷고 있다. 그 길은 청소년들에게는 꿈을 묻는 공간이 되고, 진로를 찾아가는 길잡이가 되며, 자신만의 인생 밑그림을 그리는 도화지가 되고, 사회와 이웃을 만나는 통로가 된다.

'꿈 따라 걷는 산책 길.' 이 테마는 청소년들과 오랜 시간 동안 무인도, 동남아, 국내, 유럽 등을 여행해 온 주제이다. 청소년들이 가진 것은 아직은 꿈일 뿐이긴 해도 결국 그 꿈은 그들 자신이 될 것이다. 그래서 우리는 길 위에서 그들의 꿈을 다듬어 가도록 돕고 있다. 이 여행에 찾아오는 다양한 색깔의 청소년들은 꿈 따라 걷는 산책 길을 걸으며 새로운 자신, 가슴 벅찬 경험, 결코 놓을 수 없는 열정을 만나고 있다.

길 위에서 마음을 훈련하다

요즘 아이들은 외동이 많아지고 핵가족화로 인해 과보호를 받는 경우가 늘어났다. 그로 인해 마음이 여려지고 유리 같아져서 아주 작은 일에도 쉽게 상처를 받으며 회복 탄력성이 약한 상태이다. 이것은 학습 태도와도 연결되어 마음이 산만해서 수업 시간에, 학습 시간에 집중하기 어렵게 된다.

마음이 단단한 아이로 자라게 하려면 교육도 중요하지만, 담력 훈련을 일상에서 반복해야 한다. 태릉선수촌에서는 양궁 선수들을 밤에 공동묘지에 보낸다는 이야기를 들어본 적이 있는가? 그들을 밤에 재우지 않고 공동묘지에 보내는 이유는 바로 중요한 경기에서 마지막 한 발을 떨지 않고 쏠 수 있는 선수로 만들기 위해서이다. 이렇게 운동선수들의 마음을 단단하게 하는 것은 반복된 훈련이다.

자녀에게 늦은 밤에 심부름을 보낸 적이 있는가? 혹시 밤에 무섭다면서 화장실도 혼자 못 가고, 방에서 혼자 자는 것도 두려워한다면 이제 그 마음을 단단하게 키워 주어야 한다. 그러나 그 일은 녹록하지가 않다.

　마음이 여린 아이들의 담력을 키우는 것은 반복 훈련이 가장 좋은 방법이다. 일상에서 이러한 훈련을 하는 것은 가정에서 시작되어 학교에서, 학교 밖 사회에서 계속되어야 하고, 이때 아이들은 어제보다 나은 어른으로 성장해 간다.

　마음이 단단한 아이들은 어려움 앞에서 쉽게 포기하거나 무너져 내리지 않는다. 연구소의 A는 중3 1학기 기말시험에서 영어와 수학 점수가 좋지 않아서 좌절하거나 울 수 있는 상황이었음에도 웃으면서 이야기했다. "이번 기말시험 평균이 영어, 수학 과목 빼면 93점이야." 자신이 못 본 과목을 빼고 잘 본 과목만으로 평균을 낸 후 환하게 웃는 아이. 이 아이의 마음은 얼마나 단단한 것일까? 사실 A는 중1 때 11개 과목 평균이 95점이어서 여유롭게 중2를 맞았다가, 성적이 예전보다 낮게 나와 심한 우울감을 경험했다. 그런 A는 무인도를 찾고, 국내, 국외 등 다양한 여행을 경험하면서 마음이 단단해질 수 있었다. 그리고 일상의 수많은 어려움 앞에서 더 이상 약해지지 않으며 당당하게 세상과 마주하고 있다.

　청소년들에게 여행이 필요한 이유는 여린 마음을 단단하게 하는 훈련이 가능하기 때문이다. 여행을 통해 청소년들은 어른으로 자라 가는 성장 과정에서 꼭 필요한 마음을 키우고 단단하게 하는 훈련을 할 수 있다. 여행에서는 일상에서 만날 수 없는 수많은 사건이 복합적으로 발생하는데, 이때 다양한 문제를 해결해 가는 과정에서 마음이 굳건해지는 것이다.

길 위에서 자존감을 훈련하다

　마음이 여린 아이들은 스스로 할 수 있는 일도 누군가에게 의존하려는 경향이 높다. 어린 시절 혼자 밥 먹을 나이가 되어도 부모가 먹여 주며 키운 아이, 스스로 유치원에 걸어갈 수 있지만 늘 엄마 손을 잡고 유치원에 간 아이는 초등학생이 되고 중학생이 되고 고등학생이 되어도 매사에 부모나 타인에 대한 의존도가 높다.

유치원 다닐 때는 혼자 걸어서 유치원 등원 시간에 맞춰 갈 수 있어야 한다. 유치원에 가는 것을 시작으로, 초등학생 때는 준비물을 스스로 챙겨 가는 것. 중학생이 되어서는 각종 수행평가와 지필 평가를 때에 맞게 준비하며 공부하는 것을 스스로 할 수 있어야 한다. 고등학생이 되어서는 입시 준비를 스스로 하는 교육과 훈련이. 대학 진학과 취업을 앞두고는 진로를 찾고, 직업을 갖고, 경제적으로 부모에게서 독립하는 교육과 훈련이 필요하다. 이 모든 힘을 키우는 훈련을 일상에서 해야 진짜 어른이 될 수 있다.

날마다 같은 시간에 같은 일을 반복하는 학습만으로는 독립을 훈련하기 어렵다. 여행을 통해서 낯선 환경에서 예측하지 못한 문제를 해결하고 창의성과 함께 소통 능력, 협동 능력 등을 길러야 한다. 이는 자존감을 향상시켜 주고 열정 지수를 높이는 주요 요인이 된다. 자존감이란 자신을 귀하게 여기고 존중하는 마음인데, 성장 과정에서 때에 맞게 자신에게 주어진 일을 해내는 과정에서 자연스럽게 향상된다. 그래서 여행을 통해 청소년들은 성장하며 자연스럽게 자존감이 향상된다. 작은 성공의 경험이 많아질수록 자존감이 높아지는 것이다.

하버드대 조세핀 김 교수는 《우리 아이 자존감의 비밀》에서 자존감을 다음과 같이 정의한다.

자존감은 자신이 다른 이들의 사랑과 관심을 받을 만한 가치가 있는 사람이라는 자기 가치와 자신에게 주어진 일을 잘 해낼 수 있다고 믿는 자신감이라는 두 가지 요소로 이루어진다. 즉 자존감은 자기 자신을 제대로 사랑할 줄 아는 방법이며, 모든 행동과 변화의 근원이 되는 마음가짐이다.

자존감을 높이는 가장 좋은 교육 방법이 여행인 것이다. 청소년기를 어떻게 지내느냐에 따라 어른이 되어서 독립적인지 그렇지 못하고 의존적인지가 구분된다. 온전한 어른으로 성장하는 과정은 우연히 되는 것도 아니고, 아무 노력 없이 쉽게 얻어지는 것도 아니다. 어른이라면 누구나 인생에서 짊어져야 할 자신만의 삶의 무게가 있다. 이 무게를 스스로 책임지는 힘은 학력이나 경력이 만들어 주지 않는다. 청소년기 때부터 다양한 노력을 수반해야 한다. 이러한 훈련과 교육의 부재는 우리 사회 전반에 커다란 사회적 문제로 제기되고 있다.

길 위에서 독립심을 훈련하다

부모로부터 경제적 독립을 이루지 못한 청년을 일컫는 말이 있는데, 일명 '캥거루족'이다. 이러한 문제는 우리나라뿐 아니라 세계적으로 사회 문제가 되고 있다. 미국에서는 20대 후반이 되도록 부모 집에 얹혀사는 그들을 '어중간하다'라는 의미의 'betwixt'를 써서 '트윅스터'(twixter)라고 부르는데, 이 외에도 캐나다에서는 직업을 찾지 못하고 떠돌다 다시 부모에게 돌아온다고 해서 '부메랑 키즈'(boomerang kids), 독일에서는 둥지에 웅크리고 있다는 의미로 '네스트호커'(nesthocker), 일본에서는 돈이 필요할 때만 임시직으로 일하고 취업하지 않는 '프리터'(freeter), 영국에서는 부모에게 돌아와 일하지 않고 사는 '키퍼스'(Kippers) 등이 있다. 그들에게는 취업하지 못해서 수입이 없거나 치솟는 집값을 감당할 수 없어서, 부모의 음식에 집착해서, 그저 독립하기 싫어서 등 이유도 다양하다. 게다가 그들은 용돈의 일부뿐 아니라 전부 의존하기도 하는데, 이로 인해 북유럽에서는 고교 졸업 후 부모에게서 재정적으로 독립하는 전통까지 변하고 있다고 한다.

많은 사람이 한국 청년들의 물질적·정신적 독립 시기가 늦어지고 있음을 우려한다. 실제로 현재 한국 청년들은 대학 졸업은 물론 취업 이후에도 부모와 함께 사는 경우가 많다. 결혼하기 전까지 이른바 '캥거루족'으로 살아가는 것이다. (중략) 한국만 그런 건 아니다. 전 세계적으로 독립의 시기는 늦어지는 추세다. 온라인 통계·시장 조사 업체인 스테티스타 (Statista) 자료에 따르면 2017년 기준 유럽 각국 젊은이들이 부모로부터 독립하는 연령은 상당히 높아졌다. 유럽 국가 중 가장 독립 시기가 늦은 국가는 몬테네그로다. 이 나라 청년들의 독립 연령은 무려 32.5세에 달한다. 한국 나이로는 33세~34세나 돼서야 독립을 한다는 의미다. 유럽 사람들은 스무 살만 넘어가면 착착 독립해서 멋지게 살아갈 것 같지만 실상은 전혀 그렇지 않다.

《한국 교육 신문》 2018년 10월 1일자)

고등학생들과 어울림 토론 수업을 하면서 '고등학교 졸업 이후에 부모로부터 경제적 독립을 해야 한다'라는 주제로 토론을 진행해 보았다. 찬성 팀에서는 부모의 노후를 생각하면 독립의 두려움을 이겨 내고 하루라도 빨리 경제적 독립을 해야 한다고 주장했다. 하지만 반대 팀에서는 대학의 한 학기 등록금이 수백만 원을 넘는 시대에 고등학교 졸업 이후의 경제적 독립은 시기상조라고 주장했다. 당장 부모의 집을 떠나 독립해서 살아갈 집을 구하는 문제에 대안이 없다는 것이다. 다시 말해서 자식이 죽게 생겼으니 부모가 짐을 대신 져 주어야 한다는 것이다.

마음이 단단하고 스스로 주어진 일상의 문제를 해결해 나가는 아이라면 성인이 되어서도 부모로부터 경제적 독립을 해야 한다. 교육의 최종 목표는 온전한 어른으로 성장하며 경제적으로도 누군가에게 의존하지 않고 독립하는 것이다. 이때 경제적 독립을 이루지 못하면 어른이 되어도 진정한 어른이라고 보기 어렵다.

전 세계의 캥거루족들은 모두 각자의 입장과 상황이 있겠지만 결국 자신의 짐을 노년의 부모에게 일정 부분 의존하게 된다. 부모 노릇이 현대 사회에서는 부모가 죽어야 끝나는 상황에 놓이게 된 것이다. 함께 사는 자식이 성인이 되었다고 해서 부모가 그 삶에 간섭하지 않으며 아름다운 동행만 할 수 있을까? 성인이 된 자식이 부모와 함께 산다는 것은 매우 어려운 삶의 과제이다.

이 과제를 풀려면 우리는 어린 시절부터 마음과 몸 모두 건강하게 자라는, 때에 맞는 성장을 할 수 있도록 도와야 한다.

길을 나선 후에야 만나는 '진짜 나'

2019년의 시대를 살아가면서 마음이 여린 아이를 마음이 단단한 아이로, 타인에게 의존하는 아이를 독립적인 아이로 양육하려는 가장 중요한 이유 중 하나는 온전하고 건강한 성인으로 자라게 하려는 것이다.

자식에게 아름다운 인생을 선물하기 원하는 부모라면, 때에 맞게 성장하도록 돕는 도우미가 되어야 하고, 리더가 되어서는 안 된다. 자식을 진짜 어른으로 키우기 원한다면 여행보다 더 좋은 공부를 찾기 어렵다.

우리 연구소에서 청소년들과 함께 국내, 해외, 무인도 등 다양한 여행길을 걷는 이유가 바로 이것이다. 우리의 청소년들이 온전한 어른으로 때에 맞게 성장하도록 돕는 훈련을 하는 것이다.

어린 시절에 채우지 못한 부분이 있을 때 그 부분이 성인이 된다고 저절로 채워지는 것이 아니다. 부단한 노력이 필요하다. 공부만 하면서 청소년기를 보내면 공부 뇌는 강화되겠지만, 그 외 다른 부분은 약해지고 능동성과 적극성을 갖추기 어렵다.

꿈 길은 청소년들에게 묻는다. 무엇을 하고 싶은지, 어디로 가고 싶은지, 왜 그 길을 걷고 싶은지를 대답하게 한다. 길을 걷다 보면 자신 안의 또 다른 자신이 말을 건넨다. 우리는 꿈 길을 함께 걸었고 세상은 우리에게 말했다. 그리고 그 꿈 길에서 나와 너 그리고 우리는 우리 안의 진짜 나를 만날 수 있었다. 우리가 여행을 함께 떠나는 진짜 이유는 바로 우리 안의 숨겨진 또 다른 나를 만나고, 여린 나를 강하게 바꿔 줄 담대한 내면과 마주하기 위함이다. '진짜 나'를 찾기 위함이다.

꿈을 찾기 위해, 진로를 탐색하는 길을 걷기 위해 함께 꿈 길을 걷기로 한 청소년들은 자신만의 길을 새로이 열어 보았다. 그들이 걷기로 선택한 길은 때로는 누구도 걸어 보지 않은 길이며, 때로는 부모 또는 사회와 이웃으로부터 거절당한 꿈 길이었다. 그 꿈의 산책 길을 걸으며 청소년들이 깨달은 일상의 소중한 이야기들을 여러분들에게 들려 드리고 싶어 그들의 이야기를 책으로 담아내기로 했다.

이 모든 과정에 영감을 주시고 지혜를 주시고 길을 열어 주신 하나님께 감사드린다. 이 모든 여정에 내 공적은 하나도 없었고 오직 주님의 은혜만이 가득했다. 이 길을 함께 걸어 준 고마운 청소년들과 우리 연구소를 믿어 주신 학부모님들께 감사의 인사를 전한다. 그리고 지금도 자신만의 길을 개척하며 걷는 청소년들에게 따뜻한 격려와 응원의 박수를 보낸다. 이 부족한 사람에게 하고 싶은 일을 하라며 응원해 준 가족에게 깊은 감사를 전하고 싶다.

지금부터, 꿈 따라 걷는 산책 길에서 우리가 깨달은 경험의 소중한 보물들을 펼쳐본다.

〈공동체 훈련을 하는 청소년들〉
연구소 아이들이 함께 팀을 이뤄 마시멜로로 건축물 만들기, 탁구공 전달하기 등을 하는 모습.
우리 연구소에서는 협력과 화합을 키울 수 있는 다양한 공동체 훈련을 하고 있다.

제 1 부

무인도 탐험

결핍을 경험하며 성장하다

[필리핀 팔라완] 무인도 탐험대 1기

도전과 끈기로 찾는 행복

장소 필리핀 팔라완 해적섬

팀원 유지환 이도현 이상진 이예선 임현진 최예성 허련 (총7명)

일정 2017년 10월 5~8일 (3박 4일)

첫째 날 집 짓기, 불 피우기, 바다낚시, 꽃게잡이
둘째 날 바다에서 그물 걷기, 코코넛 껍질로 SOS 신호 만들기,
　　　　달걀 굽기
셋째 날 야생 닭 잡기, 거북이 알 낳는 위치에 숨은 달걀 찾기,
　　　　새끼 돼지 바비큐
넷째 날 미니 올림픽, 코코넛 볼링, 갈라망시 옮기기,
　　　　슬리퍼 던지기

소감

선생님 대한민국 최초의 청소년 무인도 탐험대 여러분, 앞으로도 평생
　　　　생존을 위해서는 팀워크가 필요하다는 것을 기억하세요.

유지환 팀워크를 기를 수 있었고 맏형이라는 책임감으로 임하다 보니
　　　　리더십도 기를 수 있어서 좋았어요.

임현진 무인도에서의 생존을 위해 친구들, 동생들과 같이 집도 짓고,
　　　　불도 피웠어요. 식량도 나눠 먹으면서 배려심과 협동심과 리더
　　　　십을 기를 수 있었어요. 좋은 추억을 쌓는 시간이었어요.

이예선 살면서 한 번도 해 보지 못한 경험이어서 당황했고, 숟가락 젓
　　　　가락으로 모두가 목숨을 걸고 열띤 토론을 할 수 있다는 것이
　　　　매우 놀라웠어요.

이도현　평소에 안 하던 생존 노력을 처음 하니 특별했고, 무인도를 즐기러 간 첫 마음과 달리 실제로는 많이 힘들었어요. 그래도 흥미진진하게 즐길 만한 것들이 넘쳤던 시간이었어요.

최예성　평소에 하지 못하는 특별한 경험을 하게 되어서 정말 좋았어요.

이상진　3일째 아침에 힘이 하나도 없고 미친 듯이 배가 고파서 무인도에 왔다는 사실이 진짜 실감 났어요

허　련　귀국해서 집에 와서는 가스레인지에 꾸벅~ 절까지 했어요.

"꿈을 찾기 위해 무인도를 찾았어요!" 친구들과 함께 각오를 다지는 탐험대.

그래, 무인도에 가자!

　어느 날 막내 언니가 명함을 한 장 건네주었다. '윤승철.' 무인도를 찾아다니고, 세계 최연소 사막 마라톤 극지 마라톤 그랜드 슬램을 달성한 사람이라고 적혀 있었다. 연구소 아이들에게 도움이 될 것 같아서 곧 그와 인터뷰를 진행했고, 연구소로 초청해서 멘토링을 진행했다.

　흥미진진한 그의 인생 이야기 가운데 특히 무인도 탐험 이야기가 인상 깊었다. 그의 책《무인도에 갈 때 당신이 가져가야 할 것》에는 이런 구절이 있다.

　어릴 적 우리 집은 왜 별이 많이 없고 할머니 집엔 왜 별이 많으냐고 물었을 때 부모님은 별 사냥꾼이 아직 이곳까진 오지 않았다고 했습니다. 그래서 할머니 댁에 갈 때면 슬금슬금 차에 타고 사냥꾼이 우릴 쫓아올지도 모르니 최대한 빨리 가자고 했습니다.

　나도 어린 시절에 야간 등화관제 훈련을 하면 모든 네온사인과 조명을 껐던 기억이 있다. 그런 날이면 하늘을 가득 채운 수많은 별을 볼 수 있었다. 그런데 지금은 밤새 불야성을 이루는 도시에 살다 보니 별을 본다는 것이 쉬운 일이 아니다.

　쏟아지는 밤하늘의 별을 보고 싶다는 막연한 마음이 들면서 무인도에 가고 싶었고, 그렇게 연구소 아이들과 무작정 떠나기로 했다.

무인도 가자는 제안에 아이들도 즐거워했다. 다른 거 안 하고 종일 물에서만 놀고 싶다는 아이도 있고, 공부에 지쳐서 온종일 잠만 자고 싶다는 아이도 있었다. 무인도를 그저 사람이 살지 않는 곳이나 자기들 마음대로 할 수 있는 곳으로 생각하고는 신이 났다. 한가득 걱정 보따리를 내려놓고 싶던 동료샘마저도 동조했다. 그렇게 함께 우리는 무인도에 가기로 마음을 정했다.

하지만 인생이 늘 그렇듯 굳게 마음먹고 움직이면 반드시 문제가 생긴다. 우리에게도 그런 일이 발생했다.

무인도 탐험을 결정하자마자 우리의 목적지인 필리핀에서 외국 여행객이 피살당했다는 뉴스가 전해졌다. 가뜩이나 정보가 없어서 막막하던 참가 희망 아이들 가운데 일부가 무인도 출발을 포기했다.

"생명보다 중요한 것은 없어요."

"전 배고픈 건 못 참아요. 무인도에 가면 마음껏 못 먹잖아요."

"무인도에 화장실 있나요? 없죠? 볼일은 어떻게 보라고요. 전 가기 싫어요."

가야 할 이유가 10가지였다면 가지 말아야 할 이유는 100가지나 되는 듯했다. 아직 짐도 싸지 않고 무인도 도전을 결심하기만 했는데, 시작하는 순간 벌써 문제가 발생했고 그 첫 번째 문제에 다수가 도전을 포기하겠다는 선택을 했다.

이런 상황에서 초5부터 중2까지 아이들 7명과 지도 교사 2명까지 총 9명이 무인도 탐험대를 꾸렸다. 지금까지 청소년만 무인도를 찾은 사례가 국내에 없었으니 우리는 스스로 '대한민국 최초의 청소년 무인도 탐험대'라 칭했다. 이렇게 한 가지 장애물을 넘으며 내가 진짜 무인도에 가고 싶은지 확인하고 나니 오히려 자신감이 생겼다. 배짱도 생기는 것 같다. 그렇다면 이제 실전에서 부딪치는 일만 남았다.

필리핀 팔라완 해적섬의 아름다운 모습.

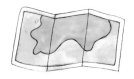

첫째 날

도전한다는 것=문제를 해결한다는 것

우리는 대한민국 최초의 청소년 무인도 탐험대가 되어 비행기를 탔다. 그런데 무인도를 경험하는 3박 4일의 일정은 마닐라에서 예상하지 못한 난관을 만났다.

마닐라 공항에 도착해서 푸에르토 프린세사 필리핀 국내선으로 갈아타려고 움직이는데, 외교부에서 문자가 하나 날라왔다. "지금 방문하고자 하는 필리핀 팔라완 인근 지역은 여행 유의 지역입니다." 중요한 소식이었다. 나는 이 소식을 전하면서 아이들에게 질문을 던졌다.

"외교부에서 그 주변 지역이 위험하다고 하는데 다시 한국으로 돌아갈까? 아니면 그래도 계속 가야 할까?"

아이들은 조금의 망설임도 없이 대답했다.

"무인도로 가야지요. 무인도에 가려고 여기까지 왔잖아요."

비행기를 갈아타면서 현지인에게 물어봤더니, 필리핀의 일부 지역만 내전으로 위험하고, 우리가 가려고 하는 북부 필리핀은 안전하단다. 오히려 한국에서 전쟁이 일어날 위험성이 더 높지 않냐고까지 한다.

사람 없는 무인도가 무서운 게 아니라 사람 사는 도시가 더 무서울 수도 있겠다. 나는 현지인의 말을 들으며 다시 한번 우리가 향하는 무인도에 대한 기대감을 챙겼다. 무인도 도전에는 언제나 자연스럽게 문제가 따른다는 교훈을 아이들에게 알려주었다.

익숙한 일, 계속해서 해 온 일을 반복할 때는 별다른 문제가 생기지 않는다. 그러나 새로운 일을 하기로 선택하고 행동에 옮기는 순간 다양한 문제가 발생한다. 그러니 도전을 포기하는 것이 아니라, 계속해서 나아가면서 문제가 생기면 그저 해결하면 된다. 문제 때문에 포기하거나 멈추거나 좌절해 버리면 그다음을 경험할 수 없다. 문제는 도전과 동의어일 뿐, 그리고 결과를 얻기 위한 당연한 과정일 뿐임을 잊지 말아야 한다.

문제를 만나는 기회인 팔라완 무인도에 드디어 도착했다. 작은 시골 터미널에 앉아 외국인 관광객들과 대화하기도 하고, 의자에서 쪽잠을 자기도 하면서 17시간의 긴 장정을 마치고 무인도에 들어선 것이다. 그 큰 섬에 청소년 탐험대, 그리고 아이들을 돕는 몇 명의 선생님 외에 아무도 없었다. 어찌 보면 사람이 없는 가장 안전한 곳이다. 푸른 하늘과 아름다운 바다에 가슴이 뻥 뚫리는 듯했다.

이제부터 무인도 도전이 본격적으로 시작되었다.

"자, 지금부터 너희들 스스로 무엇을 할지 생각하고 결정해서 행동하는 거야. 이 무인도에서는 스스로 살아갈 힘을 가진 자만이 생존할 수 있단다. 부디 생존에 성공하길!"

요즘 말로 아이들은 그야말로 '멘붕'이었다. 보이는 건 야자수와 푸른 바다뿐인 아무것도 없는 무인도. 집도 화장실도 부엌도 갖추어지지 않은 무인도에 도착하면 가장 먼저 무엇을 해야 할까? 아이들과 잠시 이야기를 나누었다.

무인도에서 가장 먼저 해야 할 일

"아빠랑 캠핑해 봤지? 캠핑장에 도착하면 아빠가 무엇부터 하셨는지 기억하니?"

"텐트를 치셨어요."

"왜 가장 먼저 텐트를 치셨을까? 식사 준비나 주변 탐험 등 다른 할 일도 많은데 말이야."

"갑자기 날씨가 나빠질 수도 있고, 무슨 일이 생기든 텐트를 먼저 쳐야 피할 공간이 마련되니까요."

"그럼 그래야겠네."

그렇게 우리는 텐트부터 치기 시작했다. 한국을 떠날 때 무인도에 도착하면 무엇부터 할지 어떤 생각을 하고 왔을까? 겉으로 드러나지 않은 그 생각들은 텐트를 치기 시작하면서 구체적으로 나타나기 시작했다.

텐트 조립의 어려움을 생각해서 영리하게 원터치 텐트를 준비하기도 했고, 별생각 없이 복잡한 조립식 텐트를 가져와서 어쩔 줄 모르고 서 있기도 했다. 섣불리 도와주지 않고 지켜보고 있으려니, 무인도에 도착하면 집을 지어 보고 싶다고 아이

23

들끼리 이야기하던 것이 떠올랐다. 무인도 정신이 무엇인가? 아이들에게 나무 기둥과 낚싯줄을 건네주며 직접 집 건축에 도전해 볼 기회를 주었다.

조원용 건축사의 건축 원리 코칭에 의하면, 가장 안정적인 도형은 삼각형이다. 삼각형은 존재할 수 있는 최소의 도형이며, 내부 각의 합은 180도이다. 삼각형의 안정성은 건축에서도 적용된다. 무인도에서 집을 지을 때 구조를 삼각형으로 하면 안정된 공간을 만들 수 있으며, 외부의 힘이 부재의 연결부를 끊거나 구조 부재를 부러뜨리지 않는 한 그 공간은 안전하다. 따라서 삼각형은 내진 구조의 기본 원리라 할 수 있다.

삼각형이 가장 안정된 형태를 유지하는 것은 건축이나 수학뿐 아니라 교육의 영역에서도 마찬가지이다. 학교, 가정, 사회 그리고 학생, 학부모, 교사 이 세 부분이 조화를 이룰 때 가장 안정적으로 균형을 이룰 수가 있다.

아이들은 세 개의 기둥으로 집처럼 만들어 고정하고, 야자수 잎을 얼기설기 엮어서 지붕을 얹었다. 시끄럽게 의견을 나누면서 뭔가를 만들어 내는 일에 세 시간이나 걸렸지만, 안에 앉으니 생각보다 제법 아늑해서 아이들 스스로 자부심을 느꼈다.

집을 지었다면 다음 순서로 해야 하는 일은 무엇일까?

"야영장에서 아빠가 텐트 치신 후에는 어떤 일을 하셨니?"

"불을 피우고 식사 준비를 하셨어요."

"그럼 불을 피워 보자. 어떤 방법이 있을까?"

무인도에 왔다는 설렘은 우리에게 이미 사라진 지 오래였다. 엄마가 이것저것 준비물을 챙겨 주던 한국에서의 상황과는 분명 너무 달랐다. 머나먼 외국의 외딴 무인도에서, 그것도 빈손

먼저, 나무로 삼각형
형태의 기둥을 세운다

지붕과 벽의 역할을 하도록
야자수 잎을 얼기설기 엮는다.

잘 엮은 야자수 잎을
나무 기둥 위에 단단히 얹는다.

차분히 손을 모아 어느덧
삼각형 집 만들기 완성.

으로 불을 피우자니 막막해하는 아이들. 불을 피우기 위해 부싯돌도 사용해 보고, 마른 코코넛 잎도 사용해 보기도 했지만 불은 잘 붙지 않았다. 그때 불쏘시개 막대인 파이어 스틱을 주고 불을 피우는 시연을 보이니 환호성을 질렀다.

그런데 불을 피우는 것은 아이들에게는 여전히 쉽지 않았다. 텔레비전에서 본 것처럼 조금만 하면 불이 붙을 거라는 기대감이 있었지만, 아무리 비벼 봐도 불이 붙어 주지 않았다.

처음에는 신기한 듯 너도나도 해 보겠다고 달려들더니, 하나둘 자리를 떠났다. 그리고 세 명만 남아서 같은 동작을 참을성 있게 반복했다.

불을 피울 때까지 필요한 힘은 끈기

4시간여가 흐른 뒤, 세 친구가 드디어 불을 피우는 데 성공했다. 이를 묵묵히 지켜보던 윤승철 대표는 그가 대한민국의 큰 대회에서 수상할 때 겪은 경험을 이야기했다.

"최종 면접에 저를 포함해서 세 명이 남았어요. 한 명은 발명 전문가, 다른 한 명은 국내외 봉사 전문가였어요. 그때 면접관은 '여러분 인생에서 가장 행복한 순간이 언제였습니까?'라는 질문을 했어요."

윤승철 대표는 뜸을 들였고 아이들은 귀를 기울였다. 잠시 정적이 흐른 후 윤승철 대표가 그때 면접관 앞에서 했던 대답을 들려주었다.

"무인도에서 불을 피우려고 고생하다 7시간 만에 성공해 낸 적이 있어요. 불씨가 살아나던 그 순간 환호성을 외쳤어요. 제

인생에서 가장 행복한 순간은 바로 그때였어요. 7시간 만에 불을 피워 내던 그 순간. 그 이후로 뭔가 끈기가 필요한 일을 할 때마다 그 순간이 떠오르곤 했으니 제게 가장 큰 영향을 준 사건인 것 같아요."

그가 불을 피워 내기까지 걸린 시간은 7시간. 그 시간 동안 그는 성공이 보장되지 않는, 그리고 성공하지 못한다면 그동안의 고생이 의미 없어질 수 있는 동작을 무수히 반복했다. 무인도라는 환경에 자신을 몰아넣었기 때문에, 무인도에서는 다른 방법이 없었기 때문에 가능했던 경험일 것이다. 그 경험의 특별함은 무인도에 국한되지 않았고, 일상에 복귀한 후에도 그 이전과 다른 방식으로 존재하는 윤승철이 되게 해 주었다.

2016년 전 세계에서 이슈가 되었던 단어는 '그릿'(GRIT)이다. 그릿은 성장(Growth), 회복력(Resilience), 내재적 동기(Intrinsic Motivation), 끈기(Tenacity)의 줄임말이다. 요컨대 재능과 환경을 뛰어넘는 열정적 끈기의 힘을 말한다. 누군가는 중간에 쉽게 포기하지만, 어떤 이는 끝까지 노력해서 성공한다. 윤승철 대표가 7시간 만에 불을 피워 낸 것은 그에게 그릿이 있었기 때문이고, 여기 세 명의 아이들이 그것을 재현함으로써 자기들 안의 그릿을 증명해 보였다. 다른 네 명의 아이들은 무인도에서의 남은 일정을 통해 그들의 그릿이 보완될 수 있을 것이다. 그릿은 무인도 밖의 일상을 살아 내는 동안 견디기 어려운 어떤 순간에 아이들을 지탱해 주는 토대가 될 것이다.

식사를 준비하기 위해 불을 피우는 아이들.

어떻게 먹거리를 구하고 요리를 하지?

  텐트를 쳤고, 집을 지었고, 불을 피웠다. 이젠 무엇을 해야
할까? 먹거리를 구해야 한다. 저녁 메뉴 찬거리를 얻기 위해
바다로 배를 타고 나가 바다낚시를 했다. 시끌벅적거리며 우여
곡절 끝에 9명이 잡은 생선은 모두 15마리. 집에서라면 누군가
요리를 해 주겠지만 이곳엔 기댈 부모님이 안 계신다. 다시 모
여서 논의를 했다.

  "이 생선 어떻게 먹을래?"

  "구워서 먹자."

  "그럼 뭐가 필요하지?"

  "꼬치가 필요해."

  TV 정글 프로그램에서 연예인들을 보면 아무거나 구해다가
척척 꿰서 구워 먹는 것처럼 보인다. 하지만 실제로 겪어 보니

무인도에는 꼬치로 쓸 만한 꼬챙이가 쉽게 눈에 띄지 않았다. 무인도에 있는 나무들은 껍질이 단단해서 일반 과도나 부엌칼로는 껍질을 벗기는 것조차도 녹록하지 않다. 날이 크고 구부러진 정글도가 적합하지만, 아이들이 사용하기에는 위험하다.

결국에는 제일 쉬워 보였던 꼬치 생선구이는 불가능하다는 결론을 내렸다. 우리는 그동안 누군가가 꿰어 주는 것들을 쉽사리 받아먹었다. 요리뿐 아니라 공부, 교육도 마찬가지이다. 스스로 할 수 있는 것이 생각보다 훨씬 적다는 것을 깨닫는 순간이 찾아오고야 만다. 그때야말로 제힘으로 작은 일에 도전하고 성취감을 맛볼 순간이다.

"그럼 회를 떠서 먹는 건 어때?"

생선을 다듬을 만한 평평한 판을 찾아 두리번거렸다. 그새 날은 어두워졌다. 캄캄한 무인지경에서, 헤드라이트 불빛에 어슴푸레 도마 비슷한 것이 보였다. 거기에 대고 어찌어찌 비늘을 벗기긴 했는데, 아이들 가운데 아무도 회를 뜬 적이 없다는 걸 알았다.

역시나 정글에서 척척 회를 뜨는 TV 속의 이미지에 속았다. 어떻게든 될 줄 알았지만, 어떻게 될 만한 게 아니었다. 게다가 비늘을 벗긴 판을 살펴보니 세상에나, 이런 무인도에 웬 빨래판이냐. 아이들은 이제껏 빨래판 위에서 비늘을 벗긴 것이다. 어디선가 대량 생산되었을 공산품이 스스로 당혹스러운 듯, 엉거주춤 피와 비늘을 뒤집어쓰고 둥둥 떠 있었다.

"어떻게 해야 먹을 수 있지? 배고파. 더는 움직일 힘도 없는데…."

이젠 여유가 별로 없다. 더 늦기 전에 다른 방법을 찾아야 했다.

"그럼 탕으로 끓여 보자. 냄비에 물 넣고 생선 넣고 끓여 보자, 그냥."

무인도에서는 물 대신 코코넛으로 목을 축인다.

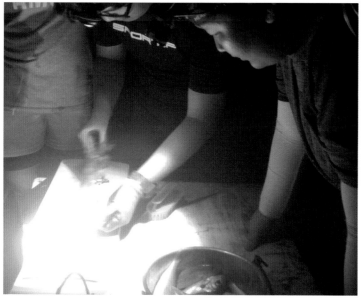

캄캄한 무인도에서 헤드라이트 불빛을 의지해 생선의 비늘을 벗기는 아이들.

숟가락 젓가락 YES or NO

된장, 고추장 양념 하나 없이 맹물에 15마리 생선을 모두 끓였다. 그것이 아이들의 저녁 메뉴였다. 탕(?)이 팔팔 끓기 시작할 때, 누군가 일어나서 가방을 뒤적거리더니 수저 세트를 들고 왔다. 아마 스스로, 또는 부모님이 밥 먹을 때 필요할 거라고 여겨서 준비해 온 것이다. 준비성은 갸륵한데 다만 한 세트밖에 없는 것이 문제였다.

배고픔에 지친 아이가 한 손에 숟가락, 다른 한 손에 젓가락을 들고 후루룩대는데 나머지 6명은 멀뚱멀뚱 쳐다볼 수밖에 없는 상황이 벌어졌다. 평상시라면 왜 너만 쓰냐고, 같이 쓰자고 야단이 났을 것이다. 하지만 긴 여정 후에 집 짓고 불 피우고 낚시하느라 지친 아이들은 그럴 힘조차 없어 보였다.

그 순간 예선이가 정식으로 문제를 제기했다. 불을 피웠다고 다들 마냥 좋아할 때, 불씨를 보존해야 한다며 바나나 잎을 구해 온 열다섯 살 아이이다.

"우리 이야기 좀 해야 할 것 같아. 무인도에서 수저를 사용해도 되는 건가?"

"준비성이 좋은 거잖아. 자원 활용이라고 생각하면 되지."

"그렇다고도 볼 수 있긴 한데, 한 세트밖에 없잖아. 누구는 수저로 먹는데 누구는 탕이 뜨거워서 먹지도 못하는 건 좀 그래."

준비성이 좋으니 도구를 활용할 권리가 있다는 주장과 그래도 팀원 모두를 생각해야 한다는 의견으로 나뉘었다. 나름 극한의 상황인데도 몸싸움이 아니라 토론으로 주장들을 펼치는 걸 보니 평소 토론 수업의 열매인 듯해서 기특했다.

"무인도에서 식사할 때 숟가락, 젓가락을 사용하면 식사할 때 편리하잖아. 손으로 먹는 건 불편하단 말이야.'

"숟가락, 젓가락 사용은 이 야생의 환경에서는 위생적이기도 하잖아."

"공평하지 않다고 해도 일단 필요하잖아. 안 가져온 사람은 기다렸다가 빌리면 되지."

"우리가 무인도에 왜 온 건데? 무인도답게 생활하려면 그런 도구는 다 같이 안 쓰는 게 맞는 거 같아. 모두가 사용할 수 없다면 사용하지 않는 것이 어때?"

아이들이 수저를 자진 반납했다. 선생님도 없이 야생의 무인도에서 토론을 진행한 아이들은 멋지게 문제를 해결해 냈다. 이때부터 아이들은 손으로 식사를 했다. 그러다 불편함이 깊어질 때쯤 나뭇잎을 엮어서 수저를 만드는 경지에 이르렀다.

숟가락과 젓가락을 챙겨 온 아이는 준비성이 있었다. 그러나 다른 이들과 함께할 때 일어날 일을 생각하지 못했다. 챙겨 주는 것에 가뜩이나 익숙한 아이들은 주변 상황이나 타인의 마음을 헤아려 공감하기가 어렵다. 그런 아이들에게는 이런 상황에서 얻은 경험이 보이지 않는 방식으로 새로운 변화를 불러일으키고 있을 것이다. 한 번 더 생각하고 상황에 대처하는 사고의 확장은, 이렇게 특별한 경험을 통해 촉진된다.

무인도에서의 첫 저녁 식사인 아무것도
넣지 않은 매운탕이 익어 간다.

먹는 순서, 과연 누구부터 먹어야 하는지

그새 매운탕이 적당히 식었다. 이제 좀 먹나 싶은 순간에 또다른 논쟁이 벌어졌다. 이번에는 먹는 순서였다. 어제 숟가락과 젓가락을 준비해 온 친구가 가장 맏이였다.

"먹는 순서를 함께 정해야 할 거 같아. 이렇게 가면 3박 4일동안 동생들이 제일 마지막에 먹게 될 거야."

"그럼 어떻게 정해? 가위바위보라도 할까?"

"한 번은 장유유서에 따라서 나이가 많은 순으로 먹다가, 한번은 거꾸로 막내부터 이렇게 돌아가면서 먹을까?"

"그냥 막내부터 먹는 건 어때?"

"왜 막내부터 먹어야 하는데?"

"여긴 무인도잖아. 먹을 것이 부족할 수 있으니까 막내부터 챙겨 주는 게 맞는 거 같아."

"막내는 가장 어리고 그래서 약자야. 이 힘든 무인도에서 막내가 다치거나 아프면 모든 프로그램을 마무리하기도 전에 무인도를 탈출해야 할지도 몰라. 그러니 막내부터 돌보는 건 어떨까?"

이렇게 해서 초5, 초6, 중1 여, 중1 남, 중2 맏형으로 먹는 순서를 정했다. 중학교 1학년은 남자아이와 여자아이 모두 있으니 누구부터 먹어야 할까? 아이들이 매번 같은 선택을 할 수는 없겠지만 이번에는 도현이가 무인도에서는 남자보다 여자가 더 힘들 것 같다며 먹는 순서를 양보하기로 했다.

무인도처럼 극한 상황에 처할수록 한 사람이 그간 쌓아 놓은 마음과 성품의 깊이가 드러난다. 자기중심적 사고를 벗어나 주

누나는 제 입도 아닌 동생 입에 먼저 먹을 것을 넣어 준다.

변 상황을 파악하고 타인을 공감하고 배려하는 것은 쉬운 일이 아니다. 몸에 배어 있어야만 행동으로 흘러나온다.

우리의 무의식중에는 자신을 우선시하고 싶은 마음과 타인을 배려하고 공감하는 마음 가운데 어느 것이 더욱 깊숙이 자리 잡고 있을까? 우리 마음 깊은 곳에는 과연 어떤 마음이 숨어 있을까?

조난 시에 여자와 아이부터 구하는 전통이 영국 해군의 한 수송선으로부터 시작되었다고 한다. 그 군인들은 부족한 구명정에 여자들과 아이들부터 태워 보냈고 그들의 안전을 끝까지 지켜보며 침몰하는 배와 함께 잠잠히 바다로 사라졌다. 이후, 이 사례를 따라 약한 자부터 지켜 주는 전례가 생겼다. 그전까지는 위급 상황이 벌어지면 힘센 사람이 구명보트를 먼저 타서 연약한 어린아이와 여자들이 생명을 구하기 어려웠다.

한 사람이 아니라 여러 명이 협력하여 약한 사람부터 생각한다는 것은, 그들 뒤에 숨어 있는 어마어마한 삶의 철학적 가치 때문에 가능하다. 평생 닦인 개인적인 인격이 있어야, 사회와 국가의 성숙한 문화 기반이 있어야 가능한 일이다. 이들의 희생 전통은 오늘 우리에게 교육과 문화의 궁극적 지향점을 되새기게 한다.

자라나는 아이들에게 '어떤' 가치관을, '어떻게' 심어 주어야 할지를 열심히 생각하고 고민해 보아야 하는 때이다. 이 무인도 여행 역시, 그 맥락에서 서툴게 내딛는 한 걸음이다. 나를 위한 선택을 우선해야 하는지, 팀을 위한 선택이 먼저인지를 아이들은 무인도에서 숟가락 젓가락 사용 문제와 먹는 순서 문제로 열띤 토론을 벌이면서 삶의 철학과 기준을 세워 볼 수 있을 것이다.

둘째 날

바나나 잎의 밥상

무인도 입성 둘째 날 아침이 밝았다. 일어나자마자 아침 먹거리 준비를 해야 한 끼를 해결할 수 있다. 지난밤 그물을 내려둔 곳으로 달려가서 기대감 반 불안감 반으로 그물을 걷었다. 오늘 아침 먹거리는 그야말로 하늘에, 아니 바다에 맡길 수밖에 없다. 우리는 모든 것을 자급자족해야 하는 무인도에 머물고 있다. 매일매일 스스로 먹거리를 구하고 준비해야 한다.

무인도에서는 성경의 출애굽기에서처럼 만나와 메추라기를 하나님이 보내 주시길 기도해야 한다. 아니 물고기와 해산물이 그물에 걸려 있기를 그야말로 간절히 기도해야 한다. 우리의 기도와 달리 그물에 걸려 있는 건 슬리퍼, 삐딱이라는 바닷가재 3마리, 상처 난 가오리 1마리뿐이었다. 우리를 단련하시는 하나님의 뜻인가 보다. 그렇다면 이것으로 맛난 식사를 준비해 보자.

어제 만들어 둔 아궁이에 불씨를 되살리자, 맏이인 지환이가 소량의 쌀을 씻어 냄비에 밥을 안치고 삐딱을 쪘다. 숟가락 젓가락으로 혼자 허겁지겁 먹던 모습은 하루 만에 온데간데없다. 동생들이 먹을 수 있도록 맨손으로 척척 바닷가재를 분해해 냈다. 옆에서는 어젯밤 모래밭을 뛰어다니며 주워 모은 꽃게를 구워서 반찬인지 뭔지를 만들고 있다.

　고사리손으로 얼기설기 소박한 밥상이 차려졌다. 어제 구해 왔던 바나나 잎 위에 차려진 것은, 쪄낸 가오리와 바닷가재 3마리와 꽃게구이가 전부였다. 여기에 적은 양이지만 하얀 윤기를 자르르 흘리는 밥이 멋진 대조를 이루었다. 꼬르륵거리는 배를 의식하면서 문득 '왕후의 밥 걸인의 찬'이라는 표현이 떠올랐다. 여기서는 '문명의 밥 야생의 찬'이라고 해야 할까. 어제 결정한 대로 막내부터 돌아가면서 식사를 했다. 검댕투성이로 웃어 대는 얼굴들이 눈부시게 해맑다.

비닐 돗자리 위 바나나 잎 밥상에서 맞는 무인도에서의 두 번째 식사.

셋째 날

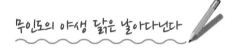

무인도 생활이 3일쯤 지났건만 아이들은 배고픔에 익숙해지지 못했다. 새벽 동이 트기 전, 닭이 울기 전 아이들은 닭을 잡아먹고야 말겠다며 새벽에 텐트 문을 박차고 나왔다. 한동안 모래밭을 뛰어다니던 아이들이 다시 돌아와서 외쳤다.

"샘, 무인도 야생 닭은 날아다녀요."

무인도에 입성할 때 선생님이 미리 풀어 놓은 야생 닭 한 마리가 우리와 공존했다. 닭을 잡으면 백숙을 해 먹을 수 있지만, 닭 잡기에 실패하면 그냥 또 한 끼를 굶어야 했다. 인간이 느끼는 가장 큰 고통 중의 하나인 배고픔에 3일을 견디다 지친 아이들은 닭을 꼭 잡고 싶었으나 마음뿐이다. 닭은 아이들의 마음도 모르는 채 훨훨 날아가 버리고 말았다.

무인도 생존보다 공부가 더 쉬워요

닭 잡기 프로젝트가 실패했으니, 다음 단계로 모래밭에 달걀을 모아서 숨겨 두었다. 거북이가 알을 낳는 깊이에 달걀 7개를 숨겨 두고, 찾으면 라면 1개와 바꿔 주겠다고 했다. 야생의 무인도이지만 생존을 위해서는 적절한 순간에 먹거리를 얻을 수 있도록 최소한의 기회는 제공하기로 했다. 인간 포클레인처럼 모두가 모래를 파헤치던 중 드디어 도현이가 달걀을 발견했다. 발견한 것까지는 좋았는데, 꺼내려다가 4개를 깨트려 버렸다.

흥미로운 건 옆에 모여든 아이들의 반응이다. 평상시라면 서로 핀잔을 주어 도현이를 무안하게 하고도 남았을 텐데, 이번엔 사뭇 다르다.

"괜찮아. 그래도 3개가 아직 남아 있어. 이걸 가지고 선생님과 협상하자. 어떻게 해야 라면과 바꿀 수 있는지 말이야."

요 며칠 동안 아이들이 깨달은 것은, 지나간 일에 감정을 소비하는 것이 생존에 도움이 안 된다는 것이다. 무슨 일이 벌어지든 간에 오직 그 순간 어떻게 대처해야 할 것인가. 그리고 같은 상황의 재발을 막으려면 어떻게 해야 할 것인가에 집중해야 한다. 유감을 드러내거나 비난하는 것은 팀 전체의 에너지를 깎아 먹을 뿐이다.

무인도에서는 팀을 우선시해야 생존율이 높아진다. 혼자 몸편하겠다고 덜 움직이면 옆의 팀원 역시 움직이지를 않는다. 아주 작은 일 하나라도 내가 먼저 움직이고 팀을 위해 생각하고 행동하면 조금씩 무인도 생활이 편안해진다. 아이들은 이러한 삶의 지혜를 무인도에서 몸으로 배우는 중이다.

구운 달걀 3개를 '잘' 구워 오면, 달걀 1개당 라면 1개로 바꾸어 주기로 협상에 성공했다. 불 앞에 앉아서 요리조리 돌리면서 굽는데, 40분이 지나도 익지 않고 결국 깨지는 바람에 라면

1개가 순식간에 사라졌다. 다시 지환이가 1시간 40분 동안 끼고 앉아 애지중지하면서 완벽하게 구워 냈다. 결국에는 라면 2개로 팀원 전체의 식사 한 끼를 책임진 셈이다.

다른 친구한테 맡기지 않은 이유를 나중에 돌아오는 비행기 안에서 물었더니, 팀원들이 힘들어하는 모습을 보는 것보다 자신이 힘든 것이 마음이 편안해서라고 답했다. 언제 이 친구가 이렇게 성숙해졌나 싶은 답변이다.

맏이인 지환이가 달걀을 굽는 동안 남은 팀원들이 조개를 삶은 후에 까서 뿔소라와 함께 바나나 잎 밥상을 차렸다. 가장 크고 맛있어 보이는 조개와 소라를 지환이에게 건네는 팀원들. 그 짧은 무인도 생활 중에 아이들은 팀원을 배려하는 것이 자신을 위하는 것임을 몸으로 익혀 가고 있었다.

모래 속에 숨겨진 달걀 찾기에 열중하는 아이들.

함께한다는 것은 같이 즐기고 나눌 수 있는 것이다.

문득 아이들에게 물었다.

"공부가 쉽니? 무인도가 쉽니?"

"헐! 대박! 공부가 훨씬 쉽죠!"

"아, 공부하고 싶어요. 진짜로 말이에요."

"우리 무인도에 학교가 있다면 어떨까?"

깔깔깔 웃느라 숨이 넘어가는 아이들이 정말 사랑스럽다.

새끼 돼지 잡던 날

무인도 셋째 날, 배고픔과 싸우며 생존에 성공한 아이들과 잔치를 벌이기로 했다. 필리핀 현지 선생님들이 새끼 돼지를 잡는데, 처음부터 같이 거들게 했다. 돼지 뒷다리를 잡고 털을 뽑는데, 한 친구는 직접 항문으로 손을 넣어 돼지 내장을 꺼냈다. 이런 일을 해 본 적이 있나 싶을 정도로 망설임이 없고 숙련된 손놀림이었다. 돼지 몸 전체에 코코넛 기름을 바르고 항문에서 주둥이로 꼬치를 꿰는 작업도 척척 해내고, 3시간 동안 돼지를 돌리면서 바비큐를 만들어 냈다. 좀 낯설어 보이는 돼지 내장 요리, 약간 비린 맛이 나는 훈제 바비큐로 상이 차려졌다. 열심히 바비큐를 구운 팀장 지환이에게는 선물로 족발을 통째로 건네주었다.

닭 잡는 데 실패했던 아이들이, 돼지를 직접 요리하면서 새로운 감각에 눈을 크게 뜬다. 가만히 앉아 기다리는 게 아니라, 서툴면 서툰 대로 주변을 파악하면서 도움이 되려고 애쓴다. 밥을 먹기 위해 최소한의 밥값을 해야 한다는 것을 깨달은 움직임이다.

미니 올림픽을 진행했다. 갈라망시 주스 한 잔을 걸고 코코넛 볼링을 하고, 신발 던지기 게임 승자가 쥐팩 초밥 한 점을 얻어 먹는다. 게임 전체 승자에게 한국에서 가지고 왔던 개인 식료품을 준다고 하니, 금세 살벌한 기운이 감돈다. 곧 한국으로 돌아

갈 걸 알고 있는데도 그러는 걸 보면 무인도 정신이 제법 깊숙이 침투했나 보다. 무인도 생활에 익숙해져 갈 즈음 아이들은 이제 한국으로 돌아가는 여정에 오른다.

아이들이 직접 잡은 새끼 돼지 바비큐가 익어 간다.

무인도 여행 준비

준비물

텐트(3~4인용), 침낭, 수건, 스노쿨(필수), 렌턴, 모자, 썬크림, 모자, 모 기약, 3M장갑, 썬글라스, 슬리퍼 또는 아쿠아 슈즈, 기타 개인용품 등. 무인도 탐험이 걱정된다고 음식을 잔뜩 챙겨 가면 곤란한 일이 벌어 진다. 생존을 경험하기 위해 떠났는데 배가 부르면 무인도에서 몸을 움직이지 않기 때문이다. 배가 고파야 간절한 마음으로 먹거리를 구 하게 된다.

무인도에 들어갈 때는 짐을 검사해서 개인이 한국에서 준비해 온 먹 거리는 별도로 보관한다. 마지막 날 섬을 탈출하기 전에 생존 훈련을 마친 후 함께 나누어 먹는다. 생존 훈련을 앞두고 먹을 것부터 챙기 는 일은 무인도 탐험의 의미를 무색하게 만든다. 무인도에서 구할 수 있는 것으로 먹거리를 해결해야 한다.

무인도 탐험의 적기

아이가 무인도 탐험을 하고 싶을지라도 부모가 안전 문제 때문에 걱 정을 놓을 수 없다면 무인도 탐험을 하지 말아야 한다. 또 부모가 허 락해도 아이가 준비되지 않았다면 무인도에 갈 수 없다. 무인도는 화 장실이 없는 곳, 배꼽시계 울어도 제때 한 끼 먹기가 쉽지 않은 곳이 다. 결국에는 부모, 아이, 함께 갈 친구가 있어야 무인도 탐험이 가능 하다. 그리고 청소년은 반드시 무인도 전문가와 동행해야 한다. 첫 탐험을 혼자 또는 경험 없는 친구들과 도전하면 안전이 보장되지 않 는다.

주의사항

안전이 가장 중요함을 여행 내내 계속 강조해 주어야 한다.

필리핀 입국 시 가장 중요한 주의사항이 있다. 만 15세 미만의 어린이는 입국 목적이나 체류 기간과 관계없이 추가로 부모미동반여행동의서가 필요하다. 서류를 영문으로 작성하여 공증 사무실에서 공증을 받은 후 준비하면 된다. 이때 공증받은 문서를 스캔해서 메일로 받으면 효력이 상실되니 꼭 종이 문서로 받아야 하며, 등기 발송을 신청하면 된다. 기재 시 필요한 사항은 인솔자, 인솔자 영문 이름, 인솔자 여권번호, 인솔자 연락처, 인솔자 생년월일, 현지 입국일, 현지 출국일, 체류 주소 등이다. 영문 이름은 반드시 여권과 똑같이 기재해야 한다. 서류를 등기로 받은 후에는 부모님 서명란에 서명해서, 주민센터에서 발급받은 영문주민등록등본과 공증 서류를 함께 준비하면 된다. 부모미동반여행동의서가 필요한 이유는 전 세계의 미성년자 대상의 국제 범죄에서 미성년자를 보호하기 위함이다.

필리핀 팔라완 해적섬의 해변에서 아이들과 함께 조난 신호인 SOS를 코코넛 껍질로 커다랗게 만들어 보았다.

[필리핀 팔라완] 무인도 탐험대 2기

팀워크에 성공해야 생존도 성공

장소 필리핀 팔라완 해적섬(5m 넘는 파도로 인해 무인도 입성에 실패했고, 결국 유인도에서 무인도 체험을 함.)

팀원 강승현 김민재 김상후 김영훈 김진우 신대한 오세훈 이도현
이상윤 이상진 이예선 이현우 이호준 임승빈 최현우 (총 15명)

일정 2018년 2월 2~6일 (4박 5일)

첫째 날 유인도 입도, 집 짓기, 불 피우기
둘째 날 인근 섬 탐험, 코코넛과 바나나 따기, 야생 닭 잡기,
　　　　　불 피우기, 낚시
셋째 날 밥 짓기, 조개 따기, 새끼 돼지 바비큐
넷째 날 농구, 섬마을 학교 탐방
다섯째 날 청소하기, 섬 탈출

무인도를 드론으로 촬영한 모습.

소감

이예선 첫 탐사 때 좋은 날씨와 달리 파도가 심해서 무인도에 입도하지 못한 것이 아쉬워요. 5m 넘는 파도에서 내가 아닌 친구에게 먼저 구명조끼를 벗어 파도를 막아 주는 모습이 정말 감동이었어요.

김영훈 한 끼는 굶어봤어도 하루 넘게 굶어 보니 너무 힘들었어요. 직접 먹거리를 구하고 해 먹어 보니 게임에서나 할 법한 서바이벌을 제대로 체험했어요. 또 무인도 체험을 통해 세상이 험난하다는 것을 깨달았어요.

이도현 두 번째 도전이라 만만하게 생각했는데, 그렇지 않았습니다. 쉬고 싶은 마음으로 떠났지만, 노력한 다음에야 휴식이 주어진다는 것을 깨달은 시간입니다.

오세훈 아무것도 없는 상황에서 문제를 해결해 나가는 과정에서 결핍을 통한 성장을 배우게 되었습니다.

신대한 무인도에 같이 갔던 대원들이 모두 서로를 챙겨 주고 배려할 줄 아는 착한 친구들이라 좋았어요.

이상진 첫 무인도 탐사와 달리 무인도 인근 유인도에 머물렀지만 다양한 경험을 해서 좋았어요.

무인도에서 만들어 타 보았던 뗏목.

첫째 날

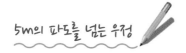
5m의 파도를 넘는 우정

1기 탐험대는 2017년 10월 황금연휴 동안 진행되었다. 당시 마음은 있었지만 차마 용기를 내지 못했던 아이들이 2기 탐험대의 출발을 기다리고 있었다. 그 기다림을 발판으로 2기 탐험대가 2018년 2월에 출발했다.

무인도 여정에 필요한 여러 가지 준비물 중에서도 매우 유용한 것이 바로 김장비닐이다. 1기에서는 모래밭에서 바나나 밥상을 차릴 때 돗자리 정도로 사용했다. 그런데 2기에서는 사용 범위를 확대해서 여행용 가방과 장비를 꽁꽁 싸서 묶는 데 사용했다. 첫날부터 비가 내리기 시작하는데, 배 타고 가는 바다 위 파도가 5m는 넘는 듯하다. 배가 놀이동산의 플룸라이드보다 더 심하게 흔들렸다. 그러나 김장비닐로 싸 놓은 짐은 하나도 젖지 않았고, 무인도에서 김장비닐의 활용도가 높은 것을 몸으로 배울 수 있었다.

그 와중에도 눈에 띄는 두 아이가 있었다. 솟구치는 파도에 두렵고 불안한 마음이 들었을 만도 할 텐데 열다섯 살 영훈이가 갑자기 구명조끼를 벗었다. 자기 몸으로 파고드는 파도를 막으려는 줄 알았는데, 옆자리에 앉은 친구가 젖지 않게 자신의 구명조끼로 막아 주는 것이었다. 어느새 그걸 본 아이들이 따라 했다. 다들 자기 구명조끼를 벗어서 옆 친구의 파도를 막아 주는 아름다운 장면이 펼쳐졌다. 남들이 하는 대로 그저 따라 한 것일까? 아니면 출발하기 전부터 강조했던 팀 정신을 발휘해야 할 순간으로 여긴 것일까? 아이들의 안전을 위해서 구명조끼를 착용하도록 했지만, 평생 마음에 간직하고 싶은 명장면 중 하나이다. 구명조끼로 친구를 감싸 주는 아이들, 그리고 그 모습을 비추는 아파트 3층 높이의 거친 파도의 앙상블이 만들어 내는 무인도의 한순간은 그렇게 흘러갔다.

파도가 5m를 넘던 날 무인도 입성을 앞두고 바라본 바다.

둘째 날

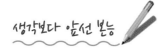

생각보다 앞선 본능

　결국, 2기 탐험대는 무인도 입성에 실패했다. 날씨가 허락하지 않았다. 높은 파도를 뚫고 진입을 강행한다면, 배에서 내리는 순간 너울성 파도에 덮일 위험이 있었다. 어쩔 수 없이 인근의 유인도로 배를 돌렸다. 아쉬움은 이루 말할 수 없지만, 안전이 최우선 순위임을 어찌하랴. 촬영을 위해서 함께 있었던 PD가 여행 마지막 날 이렇게 속내를 비쳤다.

　"제가 만일 연예인 팀과 왔다면, 일단 무조건 들어가라고 했을 거예요. 촬영해야 하니까요."

　촬영을 우선시했다면 그럴 수도 있겠다 싶다. 그러나 우리가 무인도를 찾은 목적은 촬영이 아니었다. 결핍을 통한 성장을 꿈꾸었기 때문이다. 그리고 그 성장의 과정에서 꼭 필요하고 가장 중요한 것은 안전이었다.

　인생은 종종 플랜A를 허락하지 않으므로, 플랜B를 선택하면서 아쉬움을 꿀꺽 삼키는 법에 대해 배울 기회를 준다. 배를 돌리는 결정을 위해 파도를 관찰하는 동안, 아이들을 모아 놓고

이 상황에 관해 토론을 벌였다.

유인도 섬 리조트 앞 공간에 텐트를 치면서도 마음은 무인도에 가 있다. 혹시 저녁에 진입할 수 있을까 싶어서 짐을 풀지도 않은 채로 놔두었다. 다음 날 아침 무인도로 가 보았으나 역시나 파도가 높았다. 기왕 배를 탄 김에 비로 둘째 날 프로그램을 시작하기로 했다. 그런데 이 결정이 문제를 일으켰다.

배가 출발할 때는 진입 가능 여부만 보고 올 예정이었기 때문에 남자아이들과 남자 교사 3명만 배에 탔고, 여자 2명은 남아서 텐트를 지키고 있었다. 그런데 배를 탄 남자들이 인근 섬을 찾아 바나나, 파파야를 따고 야생 닭을 잡는답시고 돌아다녔고 어느새 오후 3시가 되고 만 것이다. 혹여 바다에서 무슨 사고가 생긴 건 아닐까? 노심초사 배의 모습을 눈이 빠지게 기다렸는데 그 마음도 모르고 돌아온 아이들은 나름의 전리품을 들고, 희희낙락이었다.

마음을 가라앉히고 아이들과 대화를 시작했다.

"무인도 생존에서 가장 중요한 게 무엇이라고 생각하니?"

"살아남는 거예요"

"그럼 그 생존은 각자 자신만 하면 되는 거니, 팀 전체가 해야 하니? 만일 팀원 중 1명이라도 놓치거나 사고가 생기거나 안전에 문제가 생긴다면 어떻게 되는 거지?"

그제야 어떤 상황인지 파악한 아이들이 웃음을 멈췄다.

"이번 무인도 탐험 생존 프로젝트에서는 너희들 모두 실패한 거야. 가장 중요한 팀 정신을 놓쳤으니까."

팀의 실패 원인에 대해, 열여섯 살 맏이 세훈이의 글을 통해 더 자세히 알 수 있었다.

둘째 날 아침, 배를 타고 좀 멀리 떨어진 섬으로 탐험을 나가 보기로 했다. 전날 저녁 식사가 부실했기 때문에 모두가 허기지고 힘든 상황이었다. 섬에 올라가서 탐험하던 중, 낮은 곳에 열린 코코넛을 발견했다. 배고픈 눈에 이것저것 따질 것 없이 바로 따기 시작했는데, 반대편에서는 파파야를 따 내리느라 정신이 없었다.

"일단 딴 것들을 모아 두고, 바나나도 딴 다음에 먹기로 하자."

선생님이 하시는 말씀은 귀에 들어오지 않는 듯, 좀 떨어진 곳에서 이미 돌로 코코넛을 깨는 소리가 나기 시작했다.

"퍽, 퍽, 퍽"

"팡!"

코코넛이 깨지면서 환호성이 들리는 순간, 아이들은 통제 불능의 상태에 빠져들었다. 깨진 코코넛에 달려드는 아이들, 다른 코코넛을 깨기 시작하는 아이들. 무인도로 오는 여정에서 수없이 상기시켰던 '팀과 동생부터 챙겨라'라는 원칙을 모두 새카맣게 잊고 있었다. 원칙이 본능에 정복당하는 순간이다.

한쪽에서는 덜 익은 파파야를 베어 먹으면서 "맛있다", "멜론 맛이 난다"라며 왁자지껄 활기가 돈다.

2명의 여자 팀원을 저 멀리 섬에 두고 온 채, 그들만의 섬 탐험은 두 팀으로 나뉘어 진행되었다. 예의 '달걀 구워 라면 교환' 이벤트를 위해 달걀 7개를 두 팀에게 각각 주었다. 한 팀은 7개의 달걀을 모아서 천천히 뒤집으면서 굽기 시작했다. 그러나 다른 팀은 갑자기 달걀을 배분하기 시작했다.

그 팀의 원칙은 '자신이 구운 달걀은 그 사람 혼자만 라면으로 바꿔 먹자'라는 것이었다. 즉 달걀 굽기에 실패한 사람은 라면을 먹을 수 없는 것이다. 말하자면 능력 보상 주의인데, 생존은 함께해야 더욱 효율적이라는 기본적인 원칙이 이기적 본능으로 무시되고 있었다.

30분이나 지났을까? 탄식 소리가 들리기 시작했다. 각자 달걀을 배분한 팀에서 나오는 소리였다. 달걀이 깨져서 불평 소리가 높은 와중에, 몇 명은 흘러나오는 것을 핥아먹었다.

그들은 팀워크 살리기에 실패했다. 자신의 생존율을 높이려다 전체의 팀워크를 낮추고 말았다. 반면 한곳에 달걀을 모은 팀은, 달걀 한 개의 실패가 시행착오의 역할을 해 주었기 때문에 결국 몇 개의 달걀을 건질 수 있었다. 그러나 결국에는 모두가 실패했다고 보아야 한다.

유인도 그 섬에 놓고 온 2명의 팀원을 잊은 그 시점부터 이미 실패는 결정되어 있었다.

무인도 그 섬에서 아이들은 생존을 위해 팀이 우선이 되어야 하는지, 개인이 우선이 되어야 하는지 자신에게 질문을 던지기 시작했다.

무인도에서 바나나를 따다.

자장면 한 그릇 vs. 15명

　무인도에서 가장 먹고 싶은 음식이 무엇인지 물었다. 입을 모아 간절하게 '자장면'이라고 합창을 했다. 그래서 만들어 주기로 했다. 15명에게 단 한 그릇의 자장면을 말이다. 자장면 한 그릇을 아이들 앞에 놓고, 누가 가장 먹고 싶어 했는지 물었다. 예선이가 세훈이 오빠라면서 오빠를 부르러 달려갔다.

　달려온 아이 앞에서 자장면 한 젓가락을 먹는 시범을 보여주고서 그릇을 건네주었다. 세훈이는 인생에서 가장 각별한 자장면 한 젓가락을 맛본 후에, 주고 싶은 아이에게 그릇을 건네주라는 제안을 받았다. 과연 누구에게 건네야 할까?

　인생이 꼭 주고받기(Give and Take)는 아니더라도, 그 배고픈 삶의 현장에서 자신을 챙겼던 예선이를 찾아야 하지 않을까? 그러나 세훈이는 자신의 동갑내기 친구를 선택했다. 그렇게 자장면은 파도를 타듯이 손에서 손으로 넘겨졌다. 자장면 그릇이 12번째 아이 손에 건너갔을 때 그릇 안에는 한 젓가락도 남지 않았다. 그제야 남은 3명을 염두에 두고 먹었어야 한다는 사실을 떠올리고 민망해하는 표정들이 떠오른다. 남은 3명 안에는 예선이도 포함되어 있었다.

　생존이란 이런 것이다. 내가 먼저 배부르면 누군가는 굶는다. 한입 크게 벌려 양껏 먹은 몇 입, 먹고 싶은 마음만큼 뜨지 못한 몇 입, 그리고 차마 벌려 보지도 못한 입 3개. 의외로 나머지 3명은 팀원을 원망하거나 탓하지 않았다.

　예선이는 이번에 무인도 참가가 두 번째여서 머리가 아닌 몸으로 기억하고 있었다. 눈앞의 자장면이 팀원의 존재를 가리는 순간, 그것은 자신의 실패요 모두의 실패로 이어진다는 것을 말이다. 그래서 진정한 인지 기관은 머리가 아니라 몸이라고 한다. 돌아가는 날까지 이 교훈을 몸에 아로새길 수 있다면, 이번 탐험은 오롯이 실패만은 아닐 것이다.

세상에서 가장 어려운 밥 짓기

2기 탐험대는 무인도에서 밥 짓기에 도전했다. 대한민국 청소년 중에 불 때서 밥을 지어 본 친구가 얼마나 될까? 너무나 친숙한 사람의 전혀 다른 일면을 보았을 때처럼, 따뜻하고 먹기 좋았던 밥이 안면을 싹 바꾸고 생쌀의 형태로 아이들 앞에 놓여 있었다. 아이들을 A팀과 B팀으로 나누고, 선생님 팀까지 모두 세 팀이 바닷물로 쌀을 씻어 밥 짓기에 도전했다.

밥 짓기 과제를 마친 후 열다섯 살 예선이가 다음과 같은 글을 작성했다.

학교에 가서도 종이 치면 항상 있고, 집에서도 시간만 되면 나오는 것이 밥이다. 집에서 아주 가끔 밥을 지어 본 적이 있다. 그냥 솥에 쌀을 넣어 대충 물을 붓고 불을 켜면 알아서 솥이 딸랑거리며 밥이 다 되었다고 알려 준다. 한국에서 그리고 집에서 그렇게 쉽게 되던 밥 짓기가 무인도에서 하니 매우 힘들었다. 집에서는 그냥 설명서에 적힌 대로 따라만 하면 됐지만, 무인도에서는 밥 짓는 것에 대해 생각을 해야 했기 때문이다.

불쏘시개 막대로 불을 붙이고 나서 쌀을 받을 때 선생님은 두 팀 모두에게 똑같은 말씀을 하셨다. "바닷물에 쌀을 씻어서 밥을 하세요." 그리고 청소년 팀들은 서로 다른 방법으로 쌀을 씻었다. 한 팀은 생수에 씻었고, 다른 한 팀은 운영진의 말 그대로 바닷물에 씻었다.

쌀을 바닷물로 씻으라는 운영진의 그 말을 분명 두 팀 모두에게 했고, 나도 내 귀로 똑똑히 들었다. 똑같은 말을 들었지만, 두 팀은 전혀 다른 방법으로 밥을 지었다. 먼저, 선생님 팀은 밥을 지어 본 경험이 있으니 씻은 쌀을 생수에 앉혀 밥을 하셨고 그 결과 전자 밥솥으로 한 듯 고슬고슬하고 맛있는 쌀밥이 만들어졌다. 생각하고 움직인 결과였다.

다음 A팀은 선생님 말씀대로 바닷물에 쌀을 씻고 불을 올린 결과, 불 조절을 잘해서 타지는 않았다. 하지만 바닷물에 염분이 많았기 때문에 먹을 수가 없을 정도로 짰다. 이 밥을 먹은 사람들의 반응은 다 똑같았다.

"으악~, 퉤~"

B팀도 똑같은 이야기를 들었다. 나는 B팀에 속했는데 내가 밥을 지었다. 그런데 밥을 지어야 한다는 생각이 뇌에 꼭 박혀 있어서 그랬는지 내 귀에는 운영진의 말이 남지 않았다. 팀원만 그 이야기를 기억했다. 사실 나는 쌀을 씻을 생각조차도 못했다. 그래서 그냥 생수를 붓고 안치려고 했는데 현지 필리핀인 선생님 안톤이 그 물을 버리고 다시 밥을 생수에 안쳤다. 안전을 돕는 안톤 선생님이 몰래 우리 팀 밥 짓기를 도와준 것이다.

얼떨결에 우리는 쌀을 바닷물에 씻지 않았고 생수로 밥을 했다. 우리 팀은 밥이 짜지 않았고 잘 지어졌지만, 약간의 모래가 섞여 있었다. 그 이유는 대나무 밥그릇을 씻지 않고 밥을 담았기 때문이다. 밥을 다 한 후 A팀은 선생님 말씀대로 했는데 모래가 섞였다면서 모든 원망을 선생님께 돌렸다. 그러나 우리 팀은 좀 달랐다. "밥은 잘 지어졌는데 대나무 밥그릇을 안 씻어서 모래가 섞였어요. 우리 팀 실수예요."

우리 팀은 원망 대신 실수의 원인을 찾았다. 분명히 선생님은 똑같은 말씀을 하셨고 모두가 들었지만, 그 결과인 밥의 맛은 하늘과 땅 차이였다. 똑같은 조건에서 어떤 팀은 전기밥솥으로 지은 듯한 맛이 났고, 어떤 팀은 너무 짜서 못 먹을 지경에 이르게 되었다. 왜 이렇게 되었을까?

답은 하나다. 생각해야 하는데 그렇지 못했기 때문이다. 생각하지 않으면 손발이 고생한다는 말이 있다. 그 생각이 결국 밥 짓는 과정에도 필요했고, 생각하지 않은 팀은 밥을 먹을 수 없었다.

아, 세상에서 밥 짓기가 제일 어려운 날이다.

생존에는 생각이 필요하지만, 그 생각 주머니는 쉽게 만들어지지 않는다는 것을 열다섯 살 예선이는 밥 짓기를 통해 배웠다. 또 삶의 문제가 발생했을 때 남 탓으로 돌리는 사람과, 원인을 자신 안에서 찾는 사람으로 나뉜다는 것도 깨달았다.

어린이에서 청소년으로, 그리고 어른으로 자라가는 성장 과정에서 우리는 다양한 교육을 시행한다. 각종 프로그램과 학교 밖 교육 기관에 자녀를 보내고 시간을 내어 준다. 그런데 정작 살아가면서 꼭 필요한 것들을 배우지 못하는 경우가 너무 많다. 눈앞의 성적보다 더 필요하고 중요한 것이 분명히 많은데 그것들이 잘 보이지 않는다.

잘 알려진 '수신제가 치국평천하'라는 말은 중국의 사서오경 중 하나인 《대학》(大學)에 나온다. "격물치지 성의정심 수신제가 치국평천하"(格物致知 誠意正心 修身齊家 治國平天下). 사물에 이르러 앎을 이루고, 뜻을 성실히 하여 마음을 바르게 하고, 몸을 닦고 집안을 정돈하며, 나라를 다스리고 천하를 평화롭게 한다는 뜻이다.

여기서 '격물치지'란 '사물의 이치를 통찰해 자기의 지식을 확고히 하는 것'을 말한다. 공부이든 무엇이든 열심히 하는 것은 곧 '수신', 몸을 닦아 바른 자세를 갖추는 것인데 이것을 위한

밥을 짓기 위해 모든 열정을 다해 불씨를 살리고 있다.

기초가 '격물치지'와 '성의정심'이다. 그러나 우리 아이들은 학교 밖 교육 기관의 숙제와 스마트폰 액정에 눈이 가려 사물을 돌이켜보아 그 이치를 깨닫는 격물치지를 할 만한 여유도 없고 필요도 모른다. 그래서 성의정심, 즉 뜻을 성실히 하여 마음을 바르게 세우기 어렵다. 바꾸어 말하면, 격물치지를 통해 수신을 이룬 아이들이야말로 제가 치국평천하, 즉 행복한 집을 이루고 나라에 기여하여 세상을 움직이는 자가 되는 것이다.

학습에 집중하라고 하면서 아이들의 일을 대신 해 주기보다 스스로 주변 일을 해 나가도록 기다려 주고 그에 대한 의미를 부여해 주는 것이야말로 장기적인 시야를 통한 교육이다. 이렇게 일상을 통해 삶의 지혜를 배우고 생각하는 훈련이 되었다면 그 아이는 학습에서도 뛰어날 가능성이 크다.

학습이란 단순한 죽은 지식이 아니라 삶을 배우고 몸에 익히는 전 과정을 이르는 말이기 때문이다.

밥 짓기를 통해 생각하는 것의 중요함을 배운 아이들.

셋째 날

새끼 돼지 한 마리가 죽던 그날

무인도를 떠나기 전 잔치를 위해 돼지를 잡을 준비를 했다. 1기 탐험대 친구들이 호기심 가득한 눈빛으로 참여했던 것과 달리, 2기 탐험대는 전혀 다른 모습을 보였다. 새끼 돼지의 울음소리가 죽음을 직감한 것처럼 들렸는지, 몇몇 아이들이 그곳에서 떨어져 돌아앉았다. 그중 한 아이가 도저히 돼지 잡는 걸 못 보겠다며 울먹거리기 시작했다. 그 곁에 있던 열두 살 막내 상후가 자신의 마음을 담아 이렇게 표현했다.

무인도 마지막 날에 돼지 통구이를 먹기로 했다. 나는 무척 기대됐다. 현지 선생님들은 귀여운 새끼 돼지의 다리를 튼튼한 나뭇가지에 묶은 다음 손질하는 곳으로 옮기셨다. 나는 돼지의 꿀꿀거리는 모습이 너무 안쓰럽게 느껴졌다. 드디어 돼지를 잡을 때 돼지는 너무 무서워서 처음에는 오줌을 누더니 나중에는 똥까지 쌌다. 나는 돼지의 모습을 비참한 마음으로 쳐다보았다.

마침내 돼지를 죽일 때 돼지의 목에는 칼이 '쏙' 꽂혔고 돼지의 목에서는 피가 줄줄 흘러내렸다. 새끼 돼지는 '꽥' 거친 숨소리를 세 번이나 입으로 내뿜고 참혹하게 죽었다. 나는 차마 볼 수가 없었다. 너무 슬퍼서 돌아서서 눈물을 흘렸다. 참 비참했다.

돼지를 손질할 때 현지 선생님이 정체 모를 뜨거운 물을 붓고 숟가락으로 털을 뽑더니 그 후에는 더 손질이 잘 됐다. 조금 전의 슬픔을 까맣게 잊고 돼지의 털을 '쓱쓱' 뽑았다. 돼지의 털 뽑는 소리는 나를 무척 흥분시켰고 곧이어 손질을 다 하고 나니 현지 선생님들이 쇠막대기로 돼지의 똥꼬를 뚫고 몸을 관통한 후 입으로 나오게 했다.

그것을 약한 숯불에 걸쳐 놓았고, 우리는 번갈아 가면서 손잡이를 돌리며 누렇게 익혀 나갔다. 4시간이나 기다려야 하는 지루함과 배고픔을 또래 친구와 이야기하면서 버텼다.

드디어 돼지 통구이가 나왔고 맛은 무척 환상적이었다. 필리핀 팔라완의 맛이라고 할까나. 하지만 세 접시나 먹고 돌아서니 다시 새끼 돼지가 죽어 가던 모습이 생각이 났다. 내 머리가 돼지 생각으로 미쳐 버릴 것 같았다. 팔라완 무인도의 마지막 날은 행복하고 배불렀지만, 하늘나라로 간 돼지의 명복을 빌며 마무리했다.

열두 살 상후는 돼지를 잡던 풍경과 그 돼지를 바비큐해서 먹던 자신의 모습에서 혼란을 느꼈다. 자기 안에 존재하는 모순을 발견한 것이다. 무인도에서는 아이들의 혼란을 막지 않고, 서둘러 해결해 주려고도 하지 않는다. 성장은 필연적으로 '불안정하기' 때문이다. 정서적 안정을 우선시한다면, 기존에 갖고 있던 틀을 유지하는 게 당연하다. 그러나 기존의 틀로 담아낼 수 없는 상황이 발생하게 마련이다. 그때의 혼란에 잘 대응하도록 평소에 독서와 토론 등을 통해 철학적 사고를 훈련해야 한다. 그러면 아이들은 그들의 '불안정'한 시기를 통과하며 '안정적'으로 성장할 수 있다.

섬마을 아이들과 비 오던 날의 추억

무인도 일정을 마치기 전 인근 섬마을 학교를 방문하기로 했다. 사전에 선물로 학용품을 한가득 준비했다. 그 마을에는 어린이가 83명인데 60여 명이 학교에 다닌다고 한다. 최근에 험한 파도 때문에 고기잡이를 나가지 못했다고 하던데, 그래서인지 그 섬의 모든 이들이 거친 파도를 뚫고 찾아간 우리를 생글생글 웃으며 맞아 주었다.

수업 중인 섬마을 아이들의 교실은 한국의 60, 70년대 모습과 흡사했다. 한 교실에 칠판이 두 개 있어서 왼쪽과 오른쪽에서 두 수업을 동시에 진행하고 있었다. 오랜만에 보는 누런 재생지 노트도 감회를 새롭게 했다.

우리는 미리 색연필, 노트, 연필 외에 청소년들이 각자 고민해서 몇 가지의 선물을 더 준비해서 갔다. 그 선물들을 가운데 두고 청소년들이 섬마을 학교 아이들에게 하나씩 선물을 나눠

비가 내리자 티셔츠 속에 학용품 선물을 품는 섬마을 아이들.

주었다. 처음에는 자신이 주고 싶은 대로 주더니, 어느 시점부터 질문하기 시작했다.

"어떤 걸 갖고 싶어? 이거?"

무심코 자기 생각대로 하다가, 상대 의사를 존중하는 방식으로 조그마한 변화가 일어나는 순간이다.

선물을 나눠 주던 중 갑자기 비가 내리기 시작하자 한 아이가 받은 선물을 티셔츠 속에 품는 게 보였다. 우리가 준비해 간 선물이 얼마나 소중한지 알 수 있는 순간이다. 무인도 탐험대는 섬마을 아이들의 환한 미소와 그들의 기뻐하던 모습을 함께 떠올리면서, 언젠가 꼭 다시 가고 싶다며 이야기하곤 한다.

작은 학용품 선물 하나에 섬마을 아이들이 모두 환하게 웃고 있다.

넷째 날

4번의 비행기 탑승 후 달라진 청소년들의 모습

　　현재는 인천에서 팔라완 무인도로 직항이 개통된 상태이다. 하지만 당시에는 인천에서 마닐라로, 마닐라에서 푸에르토 프린세사 공항으로 왕복 4번 비행기에 탑승해야 했다. 1기 탐험대는 시골 터미널 바닥에서 짐을 베개 삼아 새우잠도 자고 외국인 여행객과 수다를 떨기도 했다. 그런데 2기는 항공편이 달라져서 대형 쇼핑몰을 포함한 터미널을 이용했다. 24시간 열린 식당과 편의 시설이 두루 갖춰져 있었으니, 그야말로 여건이 좋아졌다.

　　그러나 무인도를 여러 번 탐험한 경험에서 얻은 교훈이 있다. 편하고 좋은 환경은 오히려 문제가 발생하기 쉬운 상황이라는 것을 말이다. 인천 공항에서 마닐라로 향하는 기내에서 누군가 라면을 시켜 먹었다. 공항에서 단체 수속 시간이 오래 걸리다 보니 저녁 먹을 시간이 부족했고, 아이들은 출발부터 배고픈 상황이었다. 1명이 시키자 몇 명이 연달아 라면을 주문해서 후루룩 쩝쩝 먹기 시작했다.

비행기 안에서 컵라면 한 개의 가격은 4천 원이다. 동네 마트에서 사는 가격보다 4배가 비싸다. 물론 기내이기 때문이지만 무인도로 향하는 정신에 어울리지 않았다. 같은 생각을 했는지, 이 모습을 지켜보던 몇 명이 물었다.

"선생님, 저도 라면을 먹어도 되나요?"

"어떻게 하면 좋겠니? 15명이 모두 다 같이 먹을 상황은 아닌 거 같은데."

일부 아이들은 독단적으로 시켜 먹었고 몇몇은 상황을 살피고 있었다. 나머지 아이들이 어떻게 판단하고 움직이는지 관찰할 기회였다. 아이들을 지켜보고 있노라니 시간이 좀 더 흘렀다. 한 아이가 자신이 고양이 목에 방울을 달겠다고 결심한 듯 말했다.

"선생님, 도저히 배가 고파서 못 참겠어요. 라면 사 주세요."

"그래, 알았다."

뭔가 다른 이야기를 길게 할 수 없을 정도로 허공에 떠도는 라면 냄새가 너무 강렬했다. 그래서 일단 다들 먹게 해 주려고 못 먹은 사람 수만큼 라면을 주문했는데 아뿔싸, 기내 라면이 다 팔렸단다. 일단 선생님들이 양보하기로 하고 남은 아이들만 어찌어찌 먹게 했다. 그 사이 누구는 옆을 돌아볼 여지도 없이 라면에 밥도 말아 먹은 다음이다. 내 옆자리에 앉은, 이번이 무인도 탐험 두 번째 참가인 상진이가 속삭였다.

"다 함께 먹을 때까지 기다리느라 참는 게 힘들어요."

내가 섬기고 있는 교회의 담임 목사님의 설교가 떠올랐다.

"인생을 살아가면서 가장 어려운 순간이 언제일까? 병들어

아플 때도, 돈이 없어 가난할 때도 아닙니다. 언제까지 기다려야 할지 모르는 상황, 그 상황에서 기다리는 것이 가장 어려운 일입니다."

비행기 탑승 때에도 문제가 발생했다. 아이들 15명이 모두 비행기 뒷좌석 쪽에 모여 앉도록 좌석이 배치되었다. 한창때 청소년들이, 그것도 무인도 체험을 앞두고 얼마나 할 말이 많겠는가. 아무리 주의를 시켜도 좀처럼 침묵의 예의를 지키지 못했다. 주위의 따가운 시선이 마음에 걸려서 미리 4번째 탑승을 앞두고 과제를 주었다.

"푸에르토 프린세사 공항에서 마닐라 공항으로 가는 비행기로 갈아탈 건데 그곳 터미널에 쇼핑몰이 있을 거야. 갈아탈 때까지 2시간이 있으니까 짐 다 모아놓고 각자 돌아다니면서 저녁 먹거리를 선택하기로 하자. 예산이랑 시간을 잘 계산하지 않으면 처음 비행기에서처럼 다 굶을 수도 있어. 이번엔 라면 기내식 같은 거 없다."

한쪽에 짐을 정리해 놓고 여기저기 돌아다니던 아이들은 라면을 먹고 싶다고 결정을 본 듯하다. 하지만 우리의 예산으로는 1인 1식을 할 수 없는 가격이었다. 상진이가 외쳤다.

"아까 저쪽 모서리에 있는 식당은 라면이 더 싼 거 같았어요!"

하지만 그 식당에서도 예산이 모자라기는 마찬가지였다. 시간은 다가오고 난감한 상황인데 마침 메뉴도 라면이니 앞서 기내에서의 라면 분배 실패를 만회할 기회라고 의미 부여를 해주었다. 그러자 누군가가 외쳤다.

"선생님, 한 그릇을 둘이 나눠 먹을 사람도 있을 거 같아요.

손들어 보라고 하는 게 어떨까요.?"

결국에는 한 그릇당 1명, 2명 또는 3명이 둘러앉아 한 끼를 해결했다. 언뜻 불공평해 보이는 광경인데 그다지 불만이 없는 걸 보니 아이들이 받아들일 만한 선에서 타협된 것으로 보인다.

"이것 봐. 경험이 이렇게 중요하잖아. 자, 이제 마닐라 공항으로 가자."

그러나 공항 리무진을 타러 탑승구를 찾아 내려갔는데 리무진이 없었다.

"잠시 전에 리무진 떠났어요. 1시간 후에 다음 리무진이 출발해요."

안내원의 말에 우리는 당황했다. 리무진 시간표에 착오가 있었나? 1시간 후라면 한국행 비행기를 놓친다. 버스가 없다면 밴을 불러 타야 하는데, 이제 우리 손에 남은 페소는 하나도 없다.

"선생님, 그런데 우리 이제 정말 돈 하나도 없어요?"

누군가 물었다.

"그래. 리무진 탄다고 생각했으니까 아까 식사비로 다 썼지."

대안이야 만국 어디서나 통하는 신용카드가 있었지만, 아이들에게는 남은 예산이 없다고 했다. 그때 세훈이가 외쳤다.

"선생님, 저 비상금 있어요. 엄마가 혹시나 위급할 때 사용하라고 주신 비상금 하나도 안 썼어요."

그야말로 유비무환의 교훈을 아이들에게 알려줄 좋은 기회였다. 각자 남은 비상금을 털어 밴을 부르고 팀을 위해 헌신한 세훈이를 크게 칭찬하고 손뼉 쳐 주었다. 공항으로 가는 동안 세훈이의 얼굴은 칭찬받은 뿌듯함을 숨기지 못하고 있었다. 이 기억이 삶 속에서의 소비와 준비에 영향을 끼칠 것이라 예상하며 기대해 본다.

공항에서는 3인 1조로 조를 편성하여 한 조에 리더를 1명씩 세웠다. 단체가 아닌 조별로 수속을 밟게 했더니 수속 시간도 줄어들었거니와 자연스럽게 15명의 인원이 분산되었다. 한결 조용하고 차분한 분위기가 된 것은 물론이다. 올 때와 비교하면 어느 쪽이 낫냐고 물었더니, 아이들조차 후자가 좋다고 이야기했다. 한창 들뜰 나이라 떠들어 대면서도 주위의 시선이 의식되었나 보다. 한 팀으로 다니는 것이 좋은가, 분산하는 것이 좋은가? 무인도에서는 한 팀 정신이 중요했고, 비행기에서는 분산하는 것이 효과적이었다.

그때그때의 상황을 빠르게 파악하고, 그에 알맞은 전략을 펼 줄 알아야 한다. 인공지능의 등장으로 변화가 가속화되는 시대이다. 이러한 '사고의 순발력'에 대해, 그 안에서 자라고 활약하려는 아이들일수록 더욱 배우고 훈련해야 한다. 기존 교육의 고정된 범주가 아닌, 정답이 없는 상황에 자주 노출되는 경험을 할 필요가 여기에 있다.

3인 1조로 나눠 단체가 아닌 조별로 탑승 절차를 밟는 모습.
빠르게 수속을 마치고 기내에서도 모두 분산되어 조용해졌다.

오세훈
혼자가 아닌 공동체 안에서 성장하는 것을 경험하게 해 준 여행

사실 무인도 탐험을 처음 들었을 때는 텔레비전 프로그램 〈정글의 법칙〉에 나오는 사냥이 멋있어 보여서 신청하게 되었다. 하지만 이 꿈은 처음부터 깨져 버렸다. 무인도에 들어가지 못한 상태에서 거의 하루의 시간을 흘려보내야 했던 것이다. 몸도 마음도 지치고 말았다. 설상가상으로 파도가 5m 넘었기 때문에 안전상의 이유로 무인도가 아닌 근처의 섬에 머물러야 했다.

그 섬에 머무는 동안 육체적으로 정신적으로 더욱 힘들어졌다. 우리 힘으로는 사냥도 할 수 없었고, 높은 나무에 있는 열매를 딸 수도 없었다. 또 맏이로서 동생들을 잘 이끌어야 한다는 생각, 힘든 모습을 보이면 안 된다는 생각으로 부담이 가득해서 그만큼 섬 생활이 힘겨웠다.

하지만 이 경험을 통해 분명히 배운 것이 있다. 우리는 혼자가 아니라 공동체라는 것, 그래서 힘든 상황이 생겨도 이겨 나갈 수 있다는 것이다. 만약 누군가 무인도에 혼자 떨어지게 된다면 그 사람은 어떻게 될까? 배고픔이나 다른 어려움보다도 외로움이 먼저 찾아올 것이다. 섬에서 우리는 서로 짜증도 냈고 화도 냈지만, 함께였기에 무사할 수 있었다.

섬에 처음 들어갈 때는 파도의 물이 튀기는 것으로부터 자신의 몸만 지키려고 각자의 몸에 구명조끼를 쓴 모습이었다. 하지만 시간이 조금 지나자 서로의 몸에 구명조끼를 덮어 주는 우리의 모습에서, 진정 이 친구들이 '공동체'에 대해 깨달았다고 생각했다. 물론 나도 마찬가지였다. 사소한 것이지만, 먹을 것이 생겼을 때 나부터가 아닌 나보다 어린 친구들부터 주는 것 등 이러한 것들이 우리가 성장한 점이 아닐까 싶다. 후에 알게 된 무인도 캠프의 주제(?) '결핍을 통한 성장'의 '성장'도 이러한 '공동체 의식의 성장'이라고 생각한다. 그저 나의 재미를 위해 무인도에 가려고 했지만, 그보다 더 뜻깊은 교훈을 받았다고 확신한다.

김영훈
어려움과 맞설 수 있는 용기를 준 무인도

2018년 2월 2일, 인천 공항에 도착했다. 해외에 나가는 첫 경험이었다. 해외에 나간다는 것은 나에게 있어 호기심이자 두려움 그리고 새로운 것에 대한 도전이었다.

필리핀 푸에르토 프린세사 공항에 도착해서 세 시간을 이동해 배를 탈 수 있는 곳으로 갔고, 마침내 배에 올라 목적지를 향해 갔다. 높은 파도로 인해 끝내 무인도에 들어가지 못했다. 아쉽기도 했지만 한편으로는 안전하게 지낼 수 있어서 안심이 되었다.

나는 찝찝함 때문에 바닷물을 싫어한다. 무인도에는 씻을 수 있는 곳이 없기 때문에 많이 불편할 것이라 생각했다. 우리는 비교적 안전한 인근 유인도에 도착한 뒤 서바이벌을 시작했다. 모두 모여 잠 잘 수 있는 텐트를 친 후, 저녁 식사거리를 마련하기 위해 낚시하러 배를 타고 바다로 나갔다. 낚시는 강태공만하는 것이라는 생각이 들었다. 그만큼 낚시는 너무 어려웠다. 그러나 다행히도 다른 친구들이 생선을 열 마리쯤 잡아서 저녁 식사거리를 준비했다.

그러나 그것마저도 동생들에게 양보해야만 했다. 한국에서는 장유유서에 따라 나이가 많은 사람부터 먹지만, 생존을 위한 이곳에서는 나이가 어린 동생부터 챙겨야 하는 것이 우리만의 규칙이었다. 그래서 그날 저녁을 굶을 수밖에 없었다.

다음날, 어제는 대수롭지 않게 굶었던 한 끼가 아주 크게 느껴졌다. 설상가상으로 연이어 아침까지 먹지 못하자, 배가 아픈지 고픈지 모를 지경이었다. 그 와

중에 우리 조상들은 보릿고개를 어떻게 넘겼는지 참으로 대단하게 느껴졌다. 우리는 텅 빈 배를 움켜 쥔 채, 다시 배를 타고 조개와 열매를 채집하러 인근 섬으로 이동했다. 우리는 그곳에서 여러 신기한 조개, 코코넛, 파파야 등을 발견해서 먹었다. 마치 사막의 오아시스처럼 느껴졌다.

돌아와서 낚시를 하러 바다에 나갔다가 이번에는 가오리를 잡았는데, 나는 비위가 상해 먹지 못했다.

다시 불을 피워야 했다. 나이가 많은 친구들이 불을 피우고 어린 동생들은 땔감 나무를 모았다. 처음으로 무인도에서 불을 피우는 것이지만 모두가 힘을 합쳐 불을 피워 냈다. 달걀도 구워 먹었고, 밤에는 낚시로 잡은 생선과 우리 손으로 직접 만든 밥을 함께 먹었다. 굶주린 배를 그렇게 채운 후 약간의 포만감과 함께 씻고 잠을 청했다. 씻은 후의 상쾌함이 얼마나 기분이 좋았는지 날씨가 더운데도 불구하고 스르르 바로 잠이 들었다.

무인도에 머무는 마지막 저녁에 통돼지 바비큐를 먹었다. '오랜만에 포식하겠구나!' 싶었으나, 그것은 그림의 떡이었다. 왜냐하면 이틀을 제대로 먹지 못한 탓에 위가 작아져 많이 먹을 수 없었기 때문이다. 그래도 '정말 맛있다'라는 말 한마디로 그날 저녁의 맛을 표현할 수 있다.

드디어 섬을 탈출하는 날이 왔다. 우리는 텐트를 걷고 섬마을로 떠날 준비를 했다. 일상생활로 돌아간다는 기쁜 마음에 새 옷으로 갈아입었다. 그러나 아뿔싸! 파도가 높이 일며 바닷물이 배 안으로 튀어서 갈아입은 새 옷이 흠뻑 젖고야 말았다. 기분까지 찝찝해졌다.

그래도 그 파도를 뚫고 섬마을에 도착하고 섬마을 학교 귀여운 아이들을 보았을 때 뿌듯한 마음이 들었다. 이렇게 귀여운 아이들이 우리가 준비해 가지고 간 학용품들을 받고 아끼는 모습을 보니, 한편으로 기쁘기도 하지만 또 한편으로는 열악한 상황에서 생활하는 아이들이 안타깝기도 했다.

다시 공항으로 향했다. 마닐라 공항에 도착한 우리는 한국으로 돌아가는 비행기를 탈 수 있는 터미널로 이동하기 위해 셔틀버스를 타야 했지만, 저녁식사를 하는 바람에 버스를 놓치고 택시를 타야만 하는 상황이 발생하였다. 그런데 웬 걸 우리에게 충분한 돈이 없다는 것을 그 순간 깨달았다. 그때였다. 아직 필리핀 돈을 가지고 있는 세훈이 형이 비상금을 털어 내었다. 다행히 제시간에 공항에 도착한 우리는 생각보다 긴 무인도 여정을 마칠 수 있었다.

집으로 돌아온 나는 생각했다. 우리는 섬에서 어려움이 닥쳐도 모두가 힘을 합쳐 이겨 냈고 극복해 냈다. 처음에는 나에게 두려움을 주었던 섬 탐험이 지금은 교훈과 용기를 주고 있다.

탐험을 가기 전 나는 많은 걱정을 하는 아이였다. 국제 미아가 되면 어쩌지, 아무것도 못 먹다가 고생하면 어쩌지…. 그러나 나는 이제 새로운 것에 대한 도전이 더 이상 두렵지 않게 되었다. 앞으로 다가올 그 어떤 어려움도 섬에서 그랬던 것처럼 견디고 이겨 낼 것이다. 무인도는 나에게 있어 어려움과 맞설 수 있는 용기를 준 인생의 큰 경험이 되었다.

[인천 사승봉도] 무인도 탐험대 3기

결핍이 가르쳐 주는 교훈

장소 인천 옹진군 자월면 승봉리

팀원 강승현 김나연 김성원 박하임 성소연 손지운 오세훈 유재룡
유재훈 이도경 이도현 이병훈 이상진 이예선 임승빈 정서린
최수혁 한소정 허련 (총 19명)

일정 2018년 6월 16일~17일(1박 2일)

첫째 날 집 짓기, 불 피우기, 야생 닭 요리, 장작 구하기
둘째 날 안전 팔찌 만들기, 해상 안전 교육, 섬 산책

특징 1) 무인도 안에 쓰레기가 가득해서 섬 청소부터 해야 머물 수 있다.
2) 무인도에는 화장실이 없어서, 볼일을 위해서는 모래를 파야
한다. 볼일을 본 후 다시 모래로 묻고, 그 자리에 나뭇가지로
표시를 해서 다음 사용자에게 알려 주어야 한다.
3) 사용하고 남은 생수를 모래에 묻어 두자. 그러면 다음에 누군
가 그것을 발견했을 때 유통 기한이 남아 있으면 생수로 사용
하고, 지났으면 세숫물로라도 사용할 수 있다.

소감

한소정 어렵고 힘들었을 때 서로의 지지대가 되어 함께하면서 진정한 팀
워크가 뭔지 배울 수 있었던 것 같아요. 제 인생에서 잊을 수 없
는 추억이 될 것 같아요. 선생님, 사랑해요.

이예선 쓰레기 더미에서 포일을 주워서 요리에 쓴다는 것은 전에는 상상
할 수 없는 일이었어요. 더 어려운 일도 이겨 낼 힘을 얻었어요.

이도현 해외 무인도는 먹을 것이라도 있었지만, 국내는 먹을 것조차 없었습니다. 그래서 더욱더 노력을 해야 배를 채울 수 있었습니다. 불 피우는 것도 하림이 준비물 덕분에 더 빨리 피울 수 있어서 조금씩 더 무인도 생활에 익숙해져 갔습니다.

오세훈 해외 무인도에서의 경험을 바탕으로 문제 해결력을 기르고 맏형으로써 팀을 이끌어 나가는 방법을 익혔습니다.

성소연 너무 추워서 얼어 죽을 뻔했는데 누군가 건네준 담요 한 장에서 따뜻함을 느꼈어요.

이상진 쓰레기가 너무 많아서 무인도 같지 않았어요.

유재룡 우리 힘으로 직접 불을 피우고 그 불에 음식을 해 먹을 수 있어서 좋았습니다. 아쉬운 점이 있다면 쓰레기랑 벌레가 너무 많았다는 것입니다. 그래도 기회가 된다면 무인도에 다시 가고 싶습니다.

유재훈 직접 불을 피우고 음식도 해 먹을 수 있어서 좋았습니다. 모래사장의 쓰레기를 주워 한곳에 모아 놓은 후 섬을 나올 때 들고 나왔습니다. 사람들이 쓰레기를 섬에다 두고 나가는 듯합니다. 달이 붉은빛을 띠는 블러드문을 직접 본 게 기억에 남습니다.

손지운 처음으로 무인도에 갔는데, 생각했던 것보다 팀원들이 잘 챙겨 주어 감사했어요.

정서린 무인도에 가니 먹거리나 행동이 제한적이었는데 집에 있을 땐 모르던 낯선 환경에 관심이 생겼어요.

결핍을 경험하기 위해 찾은 사승봉도

먹거리도 없고 스마트폰도 안 터지고 화장품도 반납해야 한다는 말을 전달하는 순간, 아이들의 신음과 야단법석이 섞인다. 우리 3기 탐험대는 국내 무인도를 찾아 나서는 세 번째 탐험을 시작했다.

필리핀 팔라완 무인도 체험은 매우 특별한 경험이지만, 항공권을 포함해서 무인도 탐험을 준비하는 비용 부담이 컸다. 그래서 그 대안으로 국내 무인도에 관심을 두기 시작했고, 마침내 사승봉도를 탐험하게 되었다. 인천 여객선 터미널에서 배를 타고 2시간 정도 나가면 대이작도를 만날 수 있고, 그곳에서 다시 10여 분 정도 가면 사승봉도라는 무인도를 갈 수 있다.

무인도를 찾는 이유는 각자 다를지 모르겠다. 그러나 무인도를 방문하는 모두가 공통으로 '결핍'을 체험한다. 현대인들에게 익숙한 풍경이나 편의 시설을 무인도에서는 찾아볼 수 없다.

사승봉도에 첫발을 디딘 아이들이 잠시 섬을 둘러보고 외쳤다.

"팔라완 무인도도 이 정도는 아니야. 여긴 너무 싫어."

섬에는 벌레가 가득했다. 어떤 아이는 벌레 퇴치용 스프레이를 들고 뿌리면서 아예 머리를 감듯 한다. 물론 다른 반응도 있다. 무인도에서 갑자기 철학적인 사색가로 변신하는 사례이다.

"아무것도 얽매이지 않고 자유로워서 무인도가 좋아요"

"맞아요. 무인도는 아무것도 없는 곳이니까, 마치 내가 꿈을 향해 가는 첫걸음을 시작한 느낌을 줘요."

철학이 뭐 별건가? 복잡하고 어려운 학문을 논할 필요는 없다. 무인도라는 장소에서는 생각을 꺼내기만 해도 이내 아름다운 문장이 된다.

"집에서 TV나 만화책 보는 것보다 무인도가 훨씬 생생하고 재미있어요. 불편해도 더 재미있는 걸 보면, 꼭 편한 것이 좋은 것만은 아닌 거 같아요."

"집에는 필요한 것이 다 있지만, 무인도에서는 내가 필요한 건 직접 내 손으로 찾아야 해요."

결핍을 가능으로 바꾸어 버리는 무인도. 성장을 위한 밑거름은 풍요가 아니라 오히려 결핍이라는 교훈을, 온몸으로 익히게 해 주는 곳이 바로 아무것도 없는 무인도이다. 그래서 어떤 이는 무인도를 사람이 살지 않는 곳이라고 표현하지만, 또 어떤 이는 아무것도 없는 곳이라고 표현한다.

사슴봉도에서 우리를 가장 놀라게 한 건 그곳에 쌓인 엄청난 양의 쓰레기이다. 분명 무인도인데, 아니 무인도라서 더 그런 것인지…. 가끔 이곳을 찾은 사람들이 먹고 마신 흔적을 그대로 두고 나간 것이다. 아이들은 큰 비닐을 들고 쓰레기를 주웠다. 집을 짓고 저녁 먹거리도 찾아내기 위해서는 먼저 이 쓰레기들을 치우는 수밖에 없었다.

어디까지나 무인도 체험인데 봉사활동처럼 시작되는 것이 마음에 걸려서 제안했다.

"쓰레기를 그냥 놔두고 섬 반대편으로 가서 텐트를 칠까?"

잠시 멈칫하던 아이들은 다시 쓰레기를 줍기 시작한다. 설령 반대편으로 간다고 해도 무인도가 이런 모습으로 남는다는 사실에 마음이 편치 않은 모양이다. 다음번에 이곳을 찾는 분들이 아이들의 마음을 절반이라도 알아주시길 소망해 본다.

아름다운 섬을 지키는 성장을 하는 아이들.

화장실이 없으면 볼일을 어떻게 하라고요?

무인도에는 화장실이 있을까? 없을까? 한 아이가 자신의 친구에게 무인도에 같이 가자고 제안했다가 들은 이야기를 전해 주었다.

"야, 무인도에는 화장실이 없잖아. 난 화장실 아니면 볼일 못 본단 말이야."

사승봉도의 1박 2일 동안 아이들은 어떻게 볼일을 봐야 할까? 화장실이 없으니 휴지도 없고 혼자 볼일을 보다가 누가 다가오면 낭패일 테고…. 그래서 아이들은 몇 명이 함께 가서 으슥한 곳을 찾아서 볼일을 해결했다. 그 부분이 인상적이었던 이유에 대해 무인도를 떠나오는 날 아이들에게 이야기해 주었다.

"선생님은 너희들에게 정말 깜짝 놀랐어. 19명 가운데 1명도 '화장실이 어디예요?' '어떻게 볼일을 봐요?' 안 묻고 해결해서."

사실 당연한 일이다. 화장실 가는 걸 누가 일일이 보고하겠는가? 하지만 내가 강의하러 가는 학교에서는 초등학생이건 중학생이건 고등학생이건 항상 수업 시간에 허락을 받은 후 화장실에 갔다.

물론 쉬는 시간에 가면 된다. 하지만 수업 시간에 생리적 현상을 느끼면 교사의 허락을 구해야 한나. 누군가에게는 빈감할 수 있는 상황인데 왜 굳이 허락을 받아야 할까? 심지어 어느 학교에서는 아이들이 다른 곳으로 튈까 봐 화장실 밖에서 교사가 대기하기도 한다.

변기도 위생적이고 깔끔한 공간이지만, 오히려 자유롭게 갈 수 없는 환경. 그런데 이 낯선 무인도에서는 시도 때도 없이 누구에게 묻지도 않고 필요하면 가서 스스로 해결한다.

이번에 함께한 나연이는 초등학생일 때 3박 4일 동안 연구소 친구들과 함께 제주 여행을 다녀왔다. 그때 우리 팀은 초등학교 저학년으로 구성되어 있어서 한라산 영실 코스를 택했다. 까마귀 무리가 우는 코스를 올라가서 정상을 눈앞에 둔 바로 그 순간, 나연이가 화장실이 급하다고 난리가 났다. 하지만 근처에는 화장실이 보이지 않는다.

"나연아, 그럼 이 근처에서 볼일을 보는 건 어떨까? 내려가기에는 너무 멀고 정상은 조금만 가면 되는데 어떻겠니?"

나연인 한사코 싫다고 했다. 나연이를 혼자 내려가라고 할 수도 없고, 그렇다고 지도 교사 없이 나머지를 정상으로 보내자니 사고의 우려가 있었다. 나연이가 급하다고 펄쩍 뛰는 상황에서 잠시 아이들과 토론을 하고서 결국 정상을 보지 못하고 내려왔다.

사승봉도에서 1박 2일을 경험한 나연이는 나와 무인도를 산책

하다가 그때를 떠올렸다. 그리고 나에게 나지막하게 속삭였다.

"선생님, 그 제주 여행 기억하시지요? 우리 다시 가요. 저 이제 필요하면 아무 데서나 볼일 볼 수 있어요."

나연이는 1박 2일 동안 화장실이 없는 불편함을 이겨 내는 법을 배웠다. 이제 세상 어느 곳에서라도 화장실 없는 환경에 대해 용감해졌을 것이다. 이 계기가 나연이의 적극성에 스위치를 켜는 역할을 했을 것이라고 믿는다.

하지만 몇몇 아이는 도저히 큰일은 볼 수 없어서 참다가 무인도를 나와서야 해결했다고 한다. 무인도 정신을 갖추기에는 1박 2일보다 좀 더 긴 시간이 필요한지도 모른다.

화장실이 없는 무인도.

단 3번의 도전으로 불을 피우다

야생에서 불을 피우는 일이 생각처럼 간단하지 않다는 것을 일찍이 팔라완 무인도에서 체험했다. 살아날 듯 말 듯 감질나게 하니 그렇게 몇 시간을 '열나게' 반복해야 했다.

그런데 이번 무인도 팀에 열한 살 하임이가 처음 참석하면서 변화를 일으켰다. 《15소년 표류기》와 《로빈슨 크루소》를 닳도록 읽으면서 무인도를 동경해 오던 하임이는 어떻게 불을 피울지를 나름대로 궁리하고 준비물까지 챙겨 왔다. 무인도 체험에 어울리는 불 피울 준비는 두 가지였다. 첫째, 과학책에서 불을 피우는 원리를 조사하고 얻은 정보대로 혹시 필요할지 몰라 챙겨 온 건전지 두 개. 둘째, 오는 길에 껌을 씹던 친구들에게 달라고 해서 모은 껌 종이.

마침내 사슴봉도에서 첫 끼니를 얻기 위해 불을 피워야 하는 때가 되었다. 무인도만 세 번째인 열다섯 살 도현이가 하임이의 준비물을 포착! 단 3번 만에 껌 종이와 건전지로 불을 피워 냈다. 환호성과 함께 난리가 났다. 팔라완 무인도에서 그렇게 오랜 시간 동안 살아나지 않던 그 불씨가 단 3번 만에 붙었으니 그럴 만도 했다.

무인도에 아이를 보냈던 부모들은 '한 번 정도야 해볼 만한데 굳이 또 보내기보다는 다른 걸 하는 게 낫지 않나'라고 생각하기 마련이다. 그러나 도현이 어머니는 두 번째, 세 번째 성공적 불 피우기 경험으로만 얻을 수 있는 삶의 지혜를 바라볼 줄 아는 마음을 가지고 계셨다. 모두 자신을 칭찬할 때 도현이는 이렇게 말했다.

"아이디어를 내준 하임이 덕분이에요."

어른들의 사회에서도 생색내기 좋아하거나 다른 사람의 공을 가로채는 경우가 허다한데 이제 열다섯 살 소년은 모든 공로를 막내에게 돌릴 정도가 되었다. 언뜻 같은 것처럼 보이나 매번 달랐던 무인도 체험. 이를 통해 깊은 겸손의 미덕과 팀 정신이 뿌리내리게 된 것이다.

불을 피워 냈으니 저녁을 준비할 차례다. 필리핀과 달리 바다에서 먹거리를 구할 수 없는 환경이므로 생닭을 재료로 주었다.

"생닭을 불에 구워 저녁을 해결해 먹는 것이 과제란다."

과연 아이들은 생전 처음 만져 보는 생닭을 어떻게 구울 것인가?

단 3번의 도전으로 사승봉도에서 불을 피운 아이들.

저녁을 먹기 위해 사투를 벌이는 아이들

닭 손질을 처음 해 보지만 저녁을 먹기 위해 어떻게든 열심이다. 닭의 배를 가르고, 나뭇가지를 주워다가 꼬챙이를 만들어 끼운 뒤 숯불에 얹었다. 꼬챙이로 집게를 만들어 닭을 뒤집는 것이 제법 모양이 잡힌다.

팔라완 무인도에는 냄비가 하나 있었지만, 이곳에는 어떤 도구도 없다. 뭔가 도구가 필요했던 아이들이 섬 탐험을 하기로 했다. 이리저리 돌아다니던 중 누군가가 버려진 숯불구이 판 석쇠를 주워 왔다. 생수로 그 석쇠를 씻다 팀원들에게 따가운 눈총을 받았다.

"야, 넌 그 생수로 불판을 씻으면 어떻게 하냐? 섬 나갈 때까지 생수가 없으면 마실 물이 없잖아. 생각 좀 해라. 생각 좀."

머쓱해진 표정으로 다시 불판을 바닷물에 씻으러 가니, 좀 민망했겠다. 하지만 그것도 어린 나이에 겪는 것이 훨씬 이득이다. 이런 상황을 통해서 상황 인식에 대한 긴장감을 배우는 것이다. 어른이 되어서도 상황 파악이 늦다면 왜인지도 모르는 채 불이익을 겪는 경우가 많기 때문이다. 그때는 옆에서 지적도 잘 해 주지 않는다.

누군가는 버려진 포일을 주워 와서 고구마를 싸서 숯불 속에 넣어 두었다.

"우리 이제 군고구마도 먹을 수 있네."

한참 닭이 익기를 기다려도 겉만 타들어 갈 뿐 속은 좀처럼 익지 않았다. 안 되겠다 싶었는지 아이들은 닭을 조각을 내서 익히기 시작했다. 그리고 또 섬을 둘러보았다. 이번에는 버려진 냄비 하나를 주워 와서 닭 조각을 뒤집으며 구웠다.

"우리 이러다가 쓰레기 더미 속에서도 살아남겠네."

서로 키득키득 웃었다. 삶의 현장은 연습이 주어지지 않는다. 시행착오를 통해 발전할 수 있지만, 그때마다 엄연한 대가를 요구한다. 아이들은 어릴 때 공부만 요구받았는데, 막상 사회에 나가면 상황 파악 능력이나 순발력, 유연성, 대인관계 대처 능력 등을 요구받게 되고 그것이 더 중요해진다. 놀이와 체험을 통해 이를 연습할 수 있는 시기에, 주야장천 공부만 주입하고 있음을 어른들은 도대체 언제쯤 깨닫게 될 것인가.

사승봉도 일몰의 장관.

고생한 사람이 누구야?

닭이 익어 가고 모락모락 김이 나는 고구마를 꺼냈을 무렵 누군가 외쳤다.

"야, 기다려. 우린 먹는 순서가 있단 말이야."

무인도 여행이 처음인 누군가가 배고픈 마음에 젓가락부터

들이댄 모양이다.

"제일 고생한 사람이 누구야? 그 친구부터 먹는 거야."

그 순간 제일 고생했다고 인정받은 도현이가 고구마를 입에 대다 만다.

"제가 많이 먹으면 다른 친구들이 못 먹어요."

무인도 경험이 깊어 갈수록 매 순간 친구를 배려하는 모습이 더욱 눈에 띄는 도현이를 볼 수 있다. 발 사이즈 300에 키 180cm인 도현이가 양껏 먹기로 한다면 아마 팀원 모두를 배고프게 할 수도 있을 것이다. 그러나 도현이는 그저 고구마를 입에 대는 시늉만 했다. 이 정도로 배고프고 지친 상황에서 이런 반응은 어른도 쉽사리 보일 수 있는 것이 아니다.

"누구든 도현이랑 같이 있으면 굶을 걱정 안 해도 되겠네. 이야, 든든한 걸."

몇 년간의 무인도 체험에 꼬박꼬박 참여하고 그 성장을 눈이 시리게 확인하게 해 주는 소년. 가슴 깊이 차오르는 대견함을 그냥 이 정도 칭찬으로 덮어 두기로 한다. 그 전도유망함은 차차 지켜보기로 다짐하면서 말이다.

유난히 밝은 별 아래, 우리가 바로 모래밭 아이들이다

무인도를 찾는 이유는 제각각이다. 하지만 몇몇 사람이 무인도에 오고 싶은 이유 가운데 공통으로 제일로 꼽는 것이 있다. 바로 별무리를 마주할 수 있다는 것이다. 하루의 모든 고생을 끝내고 바라보는 하늘에서, 금방이라도 쏟아질 것 같은 별무리들이 공연을 펼친다.

모래밭에 돗자리를 깔고 누워서 보는 별은 정말로 각별한 감성을 일으킨다. 누군가가 자신에게 떠오르는 노래를 흥얼거리면, 다른 누군가가 옆에서 같이 부르는 분위기와 정취…. 수많은 별의 반짝거림이 네온사인 하나 없는 무인도의 밤을 채워준다. 북극성과 카시오페이아자리 등의 별자리를 한눈에 볼 기회는 결코 흔하게 찾아오지 않을 것이다.

그때 누군가 외쳤다.

"우리가 바로 모래밭 아이들이네. 일본의 그 소설처럼 말이야."

중등 인문학 수업 시간에 《모래밭 아이들》이라는 소설을 다룬 적이 있다. 1970년대 일본의 어느 중학교를 배경으로 학생의 생활 지도 방식을 다룬 소설이다. 소위 문제라고 낙인이 찍힌 아이들이 속내를 드러내면서 '학교는 모래밭이 되어야 한다'라는 메시지를 전한다. 아무리 뒹굴어도 상처받지 않는 그런 모래밭의 역할이 학교라고 작가는 전하고 있다.

그러나 지금의 학교를 아이들은 마치 깨진 병 조각이나, 철이 숨겨진 위험한 모래밭처럼 느끼고 있다. 평생 인연이 없을 것 같았던 외딴 무인도의 모래밭…. 아이들은 이곳에서 난데없

는 포근함을 느끼고 있다. 아무도 안 잘 것 같았던 분위기가 어느새 조용해지고 깊은 밤 갈매기 울음소리를 자장가 삼아 아이들은 스르륵 잠이 들었다.

쏟아질 듯 눈앞에 펼쳐진 별무리.

무인도의 잊을 수 없는 광경에 어우러지는 아이들.

무인도를 떠나는 시간이 다가오고

사승봉도를 떠나야 하는 시간이 다가왔다. 상대적으로 짧은 시간이었지만 이번에도 특별한 경험이 많았다. 참가 친구들에게 소감을 물었다.

"벌레가 너무 많아서 힘들었어요."

"친구가 물에 빠트려서 추웠어요."

"무인도가 쓰레기로 악취가 많이 났어요."

"모기가 많았어요. 모기에게 헌혈하고 가요."

"밤에 잘 때 추웠어요."

무인도는 부족한 것, 불편한 것이 천지인 곳이다. 과연 아이들이 이러한 불편 때문에 무인도를 또는 그와 비슷한 상황을 피하려고 할까? 그 물음에 대한 답은 아이들 스스로 묻고 답해야만 한다. 누군가는 또 무인도를 찾을 것이고, 누군가는 여기서 멈출 테니 말이다. 중국 속담에 이런 말이 있다.

천천히 가는 것을 두려워 말라. 다만 멈추는 것을 두려워하라.

이번에는 무인도에 와서 가장 좋았던 순간이 언제인지 물었다.

"닭죽이 맛있었어요."

"전 제가 무인도에 있다는 사실 자체가 좋아요."

"마음대로 불을 피운 것이 가장 좋았어요."

"추워서 떨고 있을 때 친구들이 저를 안아 주었어요."

"별을 봐서 좋았어요."

"안전 팔찌 만들어서 좋았어요."

"팔라완 무인도에서 야생 닭 놓쳐서 못 먹었는데, 생닭을 구워 먹어서 좋았어요."

이번에는 무인도 경험의 의미를 물었다.

"무인도는 힐링이에요. 스마트폰도 안 보고, 다른 거 다 잊고 별을 보는 느낌이 좋아요."

"저한테 무인도는 고통이에요. 벌레도 많고 먹을 것도 구하기 어렵잖아요. 고통이 나한테 왜 찾아오는지, 왜 필요한지 생각해 보게 됐어요."

"공부가 내 인생에 정말 중요한지 생각해 보는 시간이었어요. 마침 시험 기간인데 무인도로 오니까 더 그랬던 거 같아요."

"평소에 아무 생각 없이 먹던 밥이 새롭게 느껴졌어요. 밥 짓기가 어려우니까 먹을 때 정말 귀하다는 생각이 들었어요. 밥한테 감사해야 할 것 같아요."

좀 더 파고들어 결핍의 의미와 필요가 무엇인지에 대해서 더욱 깊이 나누어 보았다.

"평소에는 불만이 가득했는데, 결핍이 주어지니까 일상에 감사하게 돼요."

"결핍이 있으면 집중하게 되고 그래서 실패를 반복하지 않게 되는 거 같아요."

"너무 편안하게 살다 보면 열악한 상황이 왔을 때 적응하기 어려울 거 같아요."

"책에서 읽었는데 열정은 곧 결핍에서 나온다고 해요. 공부할 때도 모든 게 다 갖춰진 상황이 무조건 좋은 건 아닌 거 같다고 생각했어요."

무인도에서 꺼내 본 우리의 삶은 곧 문학이 되고 작은 철학
이 되었다.

무인도 1박 2일의 경험을 모래밭에서 나누는 아이들.

소감문

이예선
세상 어디서도 구할 수 없는 금가루

 조그만 돌멩이도 잡히지 않는 모랫바닥에 뛰놀던 와중에 누군가 소리친다. "우리 마치 모래밭 아이들 같아!" 학교는 아이들이 넘어져도 다치지 않는 모래밭이 되어야 한다. 하이타니 겐지로의 소설 《모래밭 아이들》에서는 이렇게 이야기한다. 우리는 무인도에서 소설 속 모래밭 아이들이 되었다.

 처음 5월에 국내 무인도를 갈 때는 모두가 걱정이 많았다. 곧 시험 기간이 다가오고 갖가지 수행평가를 준비할 이틀을 버리고 이곳에 와야 했기 때문에 조금은 망설이고 왔을 것이다. 나도 마찬가지였다. 다음 주에 중요한 과학과 수학 수행평가가 있었기 때문에 무인도에 가지 말고 공부할지 고민했지만, 공부보다 더 중요한 것을 선택해야겠다고 생각하고 무인도에 오게 되었다.

 배를 두 번 타고 무인도에 내렸을 때, 내가 무인도까지 들고 왔던 나를 조이는 짐들은 상쾌하게 부는 바람을 타고 사라진 지 오래였다. 무인도에 가서 제일 처음 봤던 것은 바로 모랫바닥이었다. 내가 손으로 한 움큼 쥐고 손을 흔들면 손바닥에 남는 모래알이 없을 정도로 구름같이 희고 솜사탕처럼 부드러웠다.

 들어가자마자 친구들은 공을 꺼내 공놀이를 하고 나는 바닥에 누워 하늘만 쳐다보았다. 어떠한 것도 준비되어 있지 않고, 무엇을 해야 할 필요도 없는 곳이었다. 단지 살아 숨 쉬는 숨결을 느끼기만 하면 충분했다. 내가 몇 분 후에 무엇을 하고 어떤 곳을 가고 무엇을 해서 하루를 끝내고 다음 날에 무엇을 할지 아무것도 생각하지 않아도 되었다. 길을 가다가, 뛰다가 넘어져도 하나도 아프지 않았다. 하이타니 겐지로의 소설 《모래밭 아이들》에서 나오는 대사처럼 딱 그런

곳이었다. 마음으로도 몸으로도 아무리 넘어져도 하나도 상처받지 않는 곳, 그 곳이 바로 내가 있던 무인도였다.

저녁이 되어서 쓰레기 더미에서 포일 하나를 주섬주섬 꺼내어 닭을 구워 먹었다. 그냥 가게에서 파는 생닭 한 마리를 여섯 명이 옹기종기 모여 앉아 시즈닝 조금 뿌리고 먹은 게 다였다. 그렇게 비싸다던 푸아그라도 아니고 1등급 스테이크도 아니지만 내가 무인도에서 친구들과 직접 닭을 구워 먹는다는 별거 아닌 그 사실에, 세상 어디서도 구할 수 없는 금가루를 넣었다. 서로 얼굴을 마주보고 재료 손질을 하며 이것저것 다 바닥에 떨어뜨려도 아무도 뭐라고 하지 않고, 실실 웃으며 하나하나 주워 먹던 그 시간의 조각들을 나는 고스란히 담아 내 일상에 가져왔다.

나는 운동신경이 정말 하나도 없다. 체육 수행평가 A 맞는 것이 나에게는 하늘의 별따기이다. 그런 내가 운동장 7바퀴 반을 뛰는 지구력 테스트를 할 때는 대부분 반에서 2등을 했다. 남들이 앞만 보고 가는 것에 휘둘리지 않고 적당하게 꾸준히 뛰어 들어가면 높은 점수를 받게 된다.

사람은 기계가 아니다. 그래서 매일 똑같은 시간에 똑같은 일을 반복하며 같은 패턴으로만 살면 정신에 이상이 온다. 쉬는 것도 조절하면서 해야지 더욱 멀리 갈 수 있다. 운동신경 하나 없는 내가 지구력 테스트를 반에서 2등 한 것같이 말이다. 무인도를 갔다 온 그 경험 한 움큼은 내게 시험 기간 한 달을 버틸 수 있게 해 준 원동력이 되었다.

무인도를 다녀왔다고 해서 내 성적이 크게 올랐다거나 인간관계가 너무 좋아졌다거나 행운이 따르지는 않았다. 다녀온 뒤에도 나는 원래 살아가던 일상 그대로 살아갔다. 그러나 살아가는 내 마음가짐이 달라졌다.

반 배정이 잘되지 않으면서 친구와도 헤어지고 수업 분위기가 매우 안 좋은 반에서 두 달을 버티며 악착같이 살아왔던 내게 무인도는 호흡 한 번 할 수 있게 해 준 쉼터이자 나를 이루는 한 조각이 되었다. 하나하나에 매달리면서 살았던 내가 점점 여유를 찾게 되고 시험 기간 한 달을 잘 이겨 낼 수 있었다.

이때 되찾은 내 여유로움이 12월에 받은 좋은 성적으로 나타난 것 같다. 어두웠던 내가 점점 밝아지면서 삶이 더욱 풍요로워지고 열심히 공부하게 되었다. 6월에 본 시험 결과가 만족스럽지 못하더라도 무인도의 경험을 생각하며 다시 일어서 비로소 12월 좋은 성적과 함께 나도 웃는 얼굴로 2018년을 마무리하게 되었다.

살아가면서 때로 페이스 조절을 잘할 수 있게 여유를 안겨 주고 더욱 열심히 잘 살아갈 수 있게 내 등을 밀어준 그곳이 바로 무인도이다.

[인천 상공경도] 무인도 탐험대 4기

아름다운 자연이 주는 진정한 힐링

장소 인천 옹진군 자월면 승봉리 상경공도

팀원 손지운 신대한 이도경 이도현 이상진 이예선 이지후 임승빈
(총 8명)

일정 2018년 10월 8일부터 9일(1박 2일)

첫째 날 집짓기, 불 피우기, 화덕피자 구이, 섬 탐방
둘째 날 자장밥 요리

특징 태고의 모습 그대로인 섬에서 다슬기 등을 채취하지 않아야 한
다. 또 자신이 머문 흔적도 남기지 않아야 한다. 이 섬에는 접안
시설이 별도로 되어 있지 않아서 섬에 들어갈 때 옷이 젖을 수
있다. 섬 안에는 따가운 햇살을 피할 그늘이 없어서 하룻밤 머물
집을 지을 때 그늘막을 준비하는 것이 좋다.

소감

이예선 모래가 정말 고왔고, 화덕피자에 채소 토핑이 더 많았어야 해요. 다음에는 무인도에서 치킨을 만들어 먹고 싶어요.

손지운 결핍을 즐기는 여유가 생겼어요. 배고픔을 걱정하는 친구랑 함께 무인도에 머물면서 결핍을 즐기게 되었어요. 몸이 힘든 상태에서 떠난 무인도는 내 안의 한계를 견디는 힘을 키울 수 있었어요.

이상진 음식을 만들어 먹을 때 벌레가 많아서 힘들었어요. 누군가는 벌레 때문에 에프킬라로 머리를 감은 듯 했어요.

이도현 두 번째 국내 무인도는 꽤나 재미있었습니다. 먹을 것은 없었지만, 과제를 완수해 가며 팀워크를 향상시킬 수 있었습니다.

무인도에서 책 한 권 손에 들고 읽는 그 순간은 모든 걱정이 사라진다.

신발이 필요 없던 태고의 그 섬 상공경도

　무인도는 언제나 옳다.

　신발이 필요 없는, 마치 지상의 천국과 같은 섬 상공경도. 섬으로 들어가는 낚싯배에서 섬이 시야에 들어오는 순간부터 우리는 함성을 질렀다. 환경부에서 생태 보호 구역으로 지정한 상공경도는 국내가 아니라 해외라는 착각이 들게 한다. 안으로 쏙 들어가서 형성된 모래 해안은 발에 모래알이 느껴지지 않을 만큼 곱다.

　이번에도 역시 시작은 전혀 쉽지 않았다. 모든 무인도 탐험에 아들을 보내면서 한 번도 불안해하지 않았던 한 어머님이 이번만큼은 적극적으로 말리시는 바람에 모든 진행이 멈추었다. 그러나 꼭 다시 가고 싶다는 아이들의 주장으로 부활한 무인도 탐험. 그 무인도는 언제나 옳다.

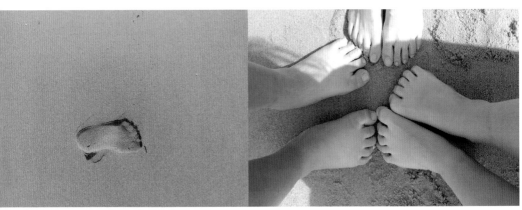

모래밭을 마음껏 뛰어다녀도 발에 상처 하나 생기지 않고 아프지도 않을 만큼 고운 모래밭이다.

신발을 벗고 발바닥의 모든 감각들을 깨워 본다.

생존에서 힐링으로, 하늘과 바다와 땅이 우리 모두의 것

네 번째 무인도 탐험대는 이제 생존보다는 힐링에 중점을 둔 것처럼 보인다. 도착하자마자 공 하나로 선생님과 아이들이 뒤섞여 시끌벅적했다. 공은 바다를 배경으로 또는 하늘과 섬을 배경으로 그때마다 기가 막힌 앵글을 만들어 냈다. 열한 살인 지후가 무언가 모래밭에 글씨를 썼다. 흔히 바닷가 모래밭에는 사랑하는 사람의 이름을 쓰는데 지후가 쓴 것은 우리 연구소와 선생님 이름이다.

"선생님, 이 모래밭은 스케치북이에요."

최근 3개월 사이 우리 동네 광명시 집값이 폭등하면서 이 시점에 집을 사야 하는지 말아야 하는지, 토론 팀 친구들과 토론한 적이 있다. 부동산 정책과 거시 경제, 미시 경제, 집값 변동과 소비 심리 등 다양한 관점으로 이야기를 나누는 시간이었다. 그런데 이곳의 높은 가을 하늘은 잠시 우리에게 다 잊으라고 한다.

"야, 땅 파! 땅 파!"

그리고 보니 이곳에서는 전혀 새로운 관점으로 땅을 본다. 땅을 사는 게 아니라 '팔' 생각을 하고 있으니 말이다. 텐트를 치려고 모래밭에 선을 그으면서도 시끌벅적하다.

"자, 여기부터는 내 땅이야. 선을 긋는다!"

그러더니 이번에는 선을 그어 풋볼 축구장을 만들고 다시 선으로 골대를 만든다. 개인의 소유를 정하던 선이 어느새 함께 즐기는 공간을 창조해 내고 있다.

도심에 사는 동안 왜 그렇게 무인도가 그리웠는지 알 것 같다. 무인도에서는 모두가 제로에서 시작하며, 모두가 똑같이 가지고 있고, 모두가 하늘과 바다와 모래밭을 공유한다. 도대체 누가 경쟁이라는 선을 긋기 시작한 것일까? '좁은 문'을 향한 경쟁이 과열되는 이때, 아직도 훨씬 넓은 세상이 모두에게 열려 있다고 무인도 이 땅 어딘가는 그렇게 속삭이고 있다.

모래밭에는 보통 사랑하는 사람의 이름을 쓰는데 지후는 연구소 이름을 쓰며 선생님 이름을 쓴다. 그리곤 모래밭이 스케치북이라고 한다.

무인도를 찾으며 자신의 인생을 멋지게 그려 가는 아이들.

국내 무인도 최초의 화덕피자를 만들던 날

뻥 뚫린 바다를 앞에 놓고 신발도 신지 않은 채 뛰어다니다 이제 슬슬 배가 고프기 시작한 아이들이 불을 피우기 위해 땔감을 구하러 갔다. 이번 무인도의 메뉴는 화덕피자이다. 아직 무인도 탐험에서는 그 어디에서도 화덕피자를 만들어 먹은 일이 없다. 아이들은 이번에 대한민국 무인도에서 최초의 화덕피자를 만든 피자 쉐프가 된 셈이다.

열한 살 도경이는 어머니가 식당을 운영하셔서 요리에 관심이 많다. 땔감을 구해서 불을 피우자 도경이가 앞장서서 밀가루 반죽을 했다. 손에 척척 밀가루가 감겼다.

아이들이 버려진 냄비를 주워서 씻어 왔다. 무인도에서의 세척법은 따로 있다. 먼저 모래로 초벌 세척을 한 뒤 바닷물에 헹군다. 그리고 약간의 생수로 냄비를 닦아 낸다. 형들이 냄비를 붙잡고 있는 사이에 반죽을 치대다가 아이디어가 떠올랐나 보다.

"반죽이 좀 남을 거 같은데, 피자 만들기 전에 먼저 수제비라면 끓여 볼까?"

"좋아! 대박! 수제비라면!"

여기서는 계획했다가도 취소할 수 있고 갑자기 틀어서 다른 것을 시도할 수도 있다. 환경이 나에게 맞춰 주지 않으니 시시각각 유연하게 적응하는 것이 중요하기 때문이다. 여러 상황을 거듭 헤쳐 나가다 보면 모든 것이 계획대로 될 필요는 없다고 느끼게 된다. 물론 계획은 필요하다. 그러나 뜻대로 되지 않을 때, 그것을 극복하고 해결해 나가는 과정에서 문제 해결력과 지혜가 함께 성장한다. 지나고 보면 내 마음 같지 않던 그 상황이 가장 기억에 남는 익미가 된다. 시간이 흐르면서 예상한 대로 되지 않을 때 지나치게 전전긍긍하면서 사는 게 젊은 날이 아닌가 싶다.

화덕피자를 만드는 쉐프들이 석쇠 위에 밀가루 반죽을 넓게 편 후 각종 토핑을 얹어 냈다. 종이 상자를 포일로 감싸고 석쇠 아래 숯불에 달군 숯을 넣었다. 그 위에 다시 종이 상자를 덮고 이제 기다리기만 하면 화덕피자는 완성이다.

어느새 어두워져서 가로등을 설치해 놓았다. 토핑으로 쓸 파프리카를 써는데 누군가 다가와서 내 눈을 손으로 가렸다.

"선생님, 별 한 번 보세요."

일찍이 팔라완 무인도에서 내가 이렇게 해 준 것을 기억했던 것이다. 하늘에서는 별이 쏟아지고, 아이는 감탄과 환호성을 쏟아내던 그때. 하지만 내가 무인도에서 보낸 밤이 며칠인가. 밤하늘의 광경이 어떨지는 눈을 감고도 알 수 있었다. 하지만 그때를 그대로 기억하며 감탄하고 환호성을 질렀더니 신기한 일이 일어났다. 내 반응에 아이가 기뻐하고 그걸 보고 또 기뻐져서 하늘을 보니 문득 깊은 곳에서 특별한 감동이 물결치듯 일어났다. 이 아이와 함께 두 번째로 같은 경험을 하며 올려다보는 별밤. 익숙히 알던 그 하늘과는 확실히 다른 밤이 찾아왔다.

나는 아이들과 지내며 이런 기쁨을 누리는 것에 감사하고 있다. 아이들은 선물 같은 존재이기 때문이다. 일부 어른들이 아이를 적게 낳거나 안 낳겠다고 하면서 자식 기르는 부모의 고생을 아이들까지 눈치 채고 말았지만, 사실 신은 아이들을 통해 성장할 기회를 부모에게 주었다. 아이가 성장하는 과정에서

대한민국 무인도에서 최초로 화덕피자를 만드는 청소년 쉐프.

부모는 오랜 기다림을 배우게 되는데, 그 기다림을 통해 부모도 온전한 인간으로 성장해 간다. 우리는 부모의 길에서 진짜 어른이 되어 간다.

그 길에서 오늘같이 아이가 손을 내밀어 내 눈을 잠시 가린 후 아이 눈을 통해 보여 주는 세상은 특별하다. 어른과 아이가 '함께' 성장하면서 그 과정에서 아이라는 렌즈를 통해 세상을 보고 아이처럼 새삼 감동하는 그런 부모와 어른만이 누릴 수 있는 순간의 깊은 감동을 무인도에서 한 아이가 내게 주었다.

옆에서 반죽을 펴던 열여섯 살 대한이가 동그란 모양의 피자판을 만드느라 낑낑대고 있다.

"있잖아. 피자가 동그랗다는 편견을 깨자. 피자가 꼭 동그래야 하는 이유가 뭐야?"

"맞아, 맞아. 선생님, 우리가 동그랗게 못 만들어서 그런 건 아니에요."

　때로는 적당한 합리화가 새로운 창조로 이어지는지도 모른다. 넉살 좋은 둘러댐에 피자가 맞장구치듯 노릇노릇 구수한 냄새를 피운다. 아이들은 네모 모양의 피자 판에 자신이 좋아하는 토핑을 얹으며 자신만의 화덕피자를 만들어 가고 있다.

무인도에서의 생존은 힐링이다.

어머니 괜찮아요. 제가 할 수 있어요

"어머니, 괜찮아요. 제가 할 수 있어요."

"으이그, 아그야. 당근을 그렇게 썰면 그게 언제 익겠냐?"

"에미야! 오늘 내로 밥을 먹을 수 있기는 한 거냐."

무인도의 밤이 지나고 다시 새벽이 찾아왔다. 아침 메뉴인 자장면의 재료인 각종 야채를 썰면서 난데없는 상황극이 연출되었다.

"아들아, 그래서 내가 저 아이는 안 될 거라 안 했냐. 아이고. 진짜 속 터진다니까. 당근 양파 써는데 1시간을 넘기냐. "

"아니 저렇게 야채 크기가 다 다르면 골고루 안 익는다고 안 하냐. 정말 못 살아, 내가."

옆에 아이들이 속삭인다.

"이런 시어머니 싫어요. 차라리 외국인 남자 만나서 결혼할래요."

1시간째 감자 3개, 양파 3개, 당근 1개를 썰고 있는 열네 살과 열다섯 살 소녀가 주고받은 대화이다. 그뿐이 아니다. 조리하기 위해 불을 피우라고 했더니 몇몇이 장작을 구한답시고 산에 가서 결국 빈손으로 터덜터덜 내려왔다. 어찌해야 할까. 배고픔이 밀려오는 무인도의 아침, 과연 우리는 이 섬을 나가기 전에 자장밥으로 아침 식사를 할 수 있을까?

엄마와 딸이 무인도에서 사랑을 나눈다.

제 2 부 동남아살이

불편함을 경험하며 성장하다

[태국 방콕] 부족함을 채우며 성장으로

[태국 끄라비] 만남을 추억하며 성장으로

[태국 치앙마이] 생각을 확장하며 성장으로

[말레이시아 쿠알라룸푸르] 선택을 경험하며 성장으로

[말레이시아 조호르바루] 신나게 놀면서 성장으로

[말레이시아 코타키나발루] 상식을 넘어서며 성장으로

[싱가포르 & 홍콩] 실패를 극복하며 성공으로

[태국 방콕] 엑소더스 프로젝트

부족함을 채우며 성장으로

팀원 손지운 이도현 이상진 이예선 (총 4명)

일정 2019년 1월 8~10일 (2박 3일)

첫째 날 숙소 찾기
둘째 날 드림월드 놀이동산, 야간 자전거 여행
셋째 날 끄라비 공항 수속 완료 후 콘도 찾아가기

특징 방콕은 태국의 수도이며 중심 도시이다. 방콕의 공항
은 수완나품과 돈므앙 두 곳인데, 돈므앙 공항이 수완
나품 공항보다 최신식이다. 순조로운 입국 수속을 위
해서는 숙소의 주소를 정확히 기재해야 한다.

4총사의 4개국 8개 도시 35일 여정이 시작되다

몸을 눕히며 시계를 보니 새벽 1시 30분이다. 처리해야 할 일들이 많다 보니 급히 서둘렀는데도 이제야 자리에 누울 수 있었다. 비행기 시간에 맞춰 출발하려면 새벽 3시에 일어나야 하니 눈을 붙인다 해도 잠시뿐이다.

잠깐 누운 것 같은데 요란한 소리가 들려 벌떡 일어났다. 잠이 들긴 했던 걸까? 그런데 알람을 꺼도 계속 소리가 들린다. 간신히 정신을 차리니 현관 벨 소리였다. 문을 열었더니 도현이 어머님이 정성스럽게 김밥 10줄을 싸 오셨다. 촉촉하면서도 아삭한 맛에 피곤이 싹 날아가는 기분이다.

4개국 8개 도시를 35일 동안 나와 함께 여행할 다섯 명의 아이들은 30회부터 50여 회까지 여행한 나름 베테랑들이다. 우리 연구소에서 그동안 50여 회에 걸쳐 국내외 여행을 진행해 오면서 이런 경력을 쌓을 수 있었다.

그런데 이들 가운데에는 초등학교 4학년 때 군산 여행에서 팀 회비를 잃어버리고 온종일 팀원들을 걷게 만든 아이도 있다. 무인도 여행에서는 아침 식사 거리를 터미널에 둔 채로 배에 올라타서 강제 기아 체험을 선사한 아이도 있다. 그것도 두 번씩이나 말이다.

아이들을 깨워 준비시키면서, 나는 똑같은 사태가 일어나지 않도록 전체 짐의 개수를 수시로 확인하라고 단단히 일러두었다. 그리고 여행 가방을 옮겨 놓으라고 했더니 아이들이 금세 와서 말했다.

"다 했어요, 선생님."

혹시나 하고 들여다보니 역시나 여행 가방이 겨우 마루에서 나와 현관문 앞에서 몸 둘 바를 모르고 있었다.

"이 가방도 데려가야 하니까 지하 주차장에 있도록 해 주면 어떨까?"

"아, 네!"

엑소더스(Exodos) 프로젝트

아이들을 먼저 보내고 나는 챙길 것들을 챙겨서 지하 주차장으로 갔다. 그랬더니 여행 가방은 차 밖에 덩그러니 놓여 있고, 아이들은 제 몸만 온전하게 차 안에 실어 놓았다. 많은 여행 가방을 차 트렁크에 차곡차곡 실으려면 약간의 기술이 필요하다. 미리 가방 크기를 가늠해서 공간 배치를 염두에 두고 테트리스 쌓듯이 쌓아야 하기 때문이다. 평소에는 동료샘이 이 일을 해 주었기 때문에 아이들은 제 일이 아니라고 생각했을 것이다.

"휴, 짐을 놓고 가야 할까, 얘들아?"

그제야 차에서 내려 얼쩡얼쩡 짐을 싣는다. 그때그때 일일이 명령어를 입력해 줘야 하고, 스스로 다음 일을 떠올릴 줄 모른다.

어려서부터 공부의 부담만 안고 자라다 보면 일상에서 능동적인 상황 파악과 순발력 넘치는 대처 능력이 부족하기 쉽다. 공부하느라 분주하다 보니 다양한 문제 해결 능력을 키우는 것이 녹록하지 않기 때문이다. 부모가 모든 고민을 성적에 두면 자녀의 정신적 성숙이 부족해지고, 성장에 두면 자녀의 성적을 보장하기 어렵다. 둘 사이에서 균형 있게 성장하려면 얼마나 더 많이 노력해야 할까?

이 영역을 본격적으로 계발하기 위해서 부모와 격리된 한 달을 기획했다. 프로젝트 이름도 '엑소더스'(Exodus)이다. 언뜻 성경의 출애굽기처럼 들리지만 실은 '일일이 명령어를 입력해 줘야 하는 상태를 탈출하자'라는 의미이다. 아이들에겐 구태여 속뜻을 이야기해 주진 않았지만 말이다.

동료샘은 행여 우리가 실수할까 봐 모바일 자동 발급으로 항공권을 준비해 놓았다. 그런 동료샘이 인솔 책임자인 나를 향해 한 마디 건넸다. 평소 덤벙대는 애들 때문에 고생하지만, 항상 꼼꼼히 챙기면서도 묵묵히 기다려 주는 분이다.

"선생님, 해외에서 고생 좀 하시겠어요."

출발부터 웃을 수 있어서 좋다. 여유를 찾은 나는 아이들을 향해 말했다.

"아무리 너희들이 부족해도 말이야. 난 너희들을 믿는다. 믿지 않으면 팀은 존재할 수 없으니까. 믿지 못하면 우리에게 다음은 없어."

이렇게 우리는 여행을 '시작'했다. 여행의 시작에서 첫째로 챙길 사항은 환전하는 것과 예산에 따라 비용을 나누는 것이다. 35일 여행 경비 중 23일치를 미리 환전해서 봉투 5개에 나누어 각자에게 분배했다. 아이들은 예산도 관리해야 했다.

뭔가를 이뤄 내려면 계획도 중요하지만 실행이 더 중요하다는 것을 신조로 삼고 살아왔다. 하지만 그 덕분에 시작부터 막막한 일을 마주할 때도 있다.

항공권에 도착 공항 이름이 적혀 있지만, 그곳은 한 번도 듣도 보도 못한 곳이다. 아이들의 문제 해결 능력을 기르는 것이 과제이기 때문에 모든 정보를 아이들이 관리하게 했다. 아이들은 공항에서 숙소로 가는 방법도 찾아야 하고, 현지어에 낯설고 영어도 완벽하지는 않지만, 태국 방콕에 익숙해져 가야만 했다. 수차례 경험을 통해 얻은 자신감만이 우리의 등을 꼿꼿하게 세워 줄 뿐이다. '그래. 떠나면 떠나는 것이고, 살면 살아지는 것이다….' 속으로 이렇게 멋지게 다짐하는 순간, 또 한마디 외침이 들렸다.

"아! 챙겨 놨던 고추장, 번데기, 볶은 김치 안 가지고 왔다."

행복하려면 여행을 자주 떠나라!

알랭 드 보통은《여행의 기술》에서 이렇게 말했다.

"인생에서 비행기를 타고 올라가는 몇 초보다 더 큰 해방감을 주는 시간은 찾아보기 힘들다."

세기의 대문호와 비슷한 기분을 느꼈는지, 이륙하는 비행기에서 아이들이 종알거렸다.

"선생님, 하늘을 나는 기분이에요."

"지금 실제로 나는 거잖아."

"저 아래 구름이 몽실몽실한 게, 땅에 지진이 난 거 같지 않아요?"

비행기의 좌석을 선택할 때 창가에 앉기를 희망할 수도 있고, 통로 쪽에 앉을 수도 있다. 장거리 여행이라면 통로에 앉아야 화장실 이용이 편리할 것이다. 하지만 조금 불편하더라도 창가에 앉기로 선택할 수 있다. 그 자리에서 구름 속 풍경을 바라보는 것은 동심으로 돌아가는 일이다.

존 버닝햄의 그림책 《구름 나라》가 떠오른다. 존 버닝햄은 영국에서 태어나 썸머힐이라는 대안학교를 다녔다. 썸머힐은 학생이 학교에 입학하면 스스로 공부에 관심을 가지고 교실에 들어올 때까지 기다려 준다고 한다. 그래서 열세 살이 되어서야 공부하겠다고 교실에 들어선 아이도 있다고 한다. 썸머힐에서 자유롭게 자란 존 버닝햄의 《구름 나라》는 그의 그림과 사진이 합성된 작품이다. 그 책의 주인공 앨버트는 등산 중에 절벽 아래로 떨어지는데, 마침 구름 나라 아이들이 구름 위에서 그를 잡아 준다. 그리고 구름 위에서 아이들은 아침 식사를 하고 뛰어내리기 놀이를 한다. 그 그림책 가운데 그 장면이 지금 우리 눈앞에서 펼쳐진다.

한 달간의 제주살이를 위해 우리 집 두 아이가 처음 비행기를 타던 날의 설레임도 떠오른다. 그 당시 열한 살이던 아들이 속삭였다.

"엄마, 해외여행 자주 간 친구가 비행기 탈 때 귀가 아프다는데 정말 그럴까?"

그동안 친구들이 부러웠을 텐데 그런 내색 한번 없이 처음 제주행 비행기에 몸을 실었던 둘째 아들에게 엄마로서 미안했다. 조금 더 일찍 이런 경험을 해 주어야 한 건 아닌가 생각할 때, 옆에 앉은 열두 살 딸에게 여행에 함께한 막내 이모가 속삭였다.

"사람들이 그러잖아. 일이 잘되어서 기분이 아주 좋을 때, 하늘을 나는 기분이라고 말이야. 네가 지금 그 기분을 맛보고 있는 거야."

대학에서 '심리학'에 관해 강의하는 최인철 교수는 행복하기 위해 돈을 쓸 때는 소유물을 사는 투자보다 경험을 사는 소비를 하라고 제안한다. 경험을 쌓기 위해서는 여행이 제격이다. 여행이 행복한 이유를 최 교수는 다음과 같이 이야기한다.

행복하다는 것은 우리 영혼이 살아 숨 쉬는 것이다. 우리를 살아 숨 쉬게 만드는 영양소에는 무엇이 있을까? 많은 사람들이 행복한 삶을 살기 위해서 딱 하나의 비법만 가르쳐 달라고 질문한다면 가장 효과적인 것을 여행이라고 추천하고 싶다. 단일 행동으로는 여행이 압도적으로 행복감을 전해 준다.

행복해지기 위해서는 조금 더 자주 여행을 가야 한다. 그 이유는 먼저 벗어나는 경험을 여행이 준다. 배우자나 자녀가 출장이나 수학여행을 갈 때 가족과의 약간의 벗어남은 즐거움으로 다가온다.

행복감을 주는 요소에는 또한 걷기 놀기 말하기 먹기가 있는데, 여행은 이 모든 것을 동시에 하게 해 준다. 그래서 여행은 행복의 종합 선물 세트이거나 행복의 뷔페인 것이다. 삶의 우선순위를 여행에 두면 여행을 가기 위해 시간과 돈을 모을 수 있다.

여행을 떠나려면 시간이 필요한데 시간을 만들려면 우리의 일상을 돌아보아야 한다. 우리가 일상에서 흔히 하는 TV 보기나 SNS나 문자 하는 시간들은 재미와 의미를 주기가 어렵다. 그러니 행복하기 위해 여행을 떠나려면 시간을 효과적으로 관리해야 하고, 시간을 만들어야 여행을 떠날 수 있다.

학자들이 돈과 행복에 대한 연구를 하면서 돈을 많이 쓰면 행복감이 늘어나냐는 질문에서 돈을 어떻게 쓰면 행복하냐로 질문의 방향을 바꾸고 있다. 에리히 프롬의 《소유냐 존재냐》라는 책에서 질문을 조금 바꾸어 보자.

소유물이 생기는 대상에 돈을 사용하기도 하지만 경험을 하기 위해 돈을 소비하기도 한다. 여행은 경험하고 생각하는 것으로 소유물이 생기지 않는다. 그런데 학자들의 연구에 의하면 소유물을 얻기 위한 소비로 인한 행복감은 경험을 쌓기 위한 소비에서 오는 행복감보다 약하다고 한다. 여행이 주는 경험의 행복감은 이야깃거리를 만들기 때문에 소비를 위한 투자보다 행복감이 높다.

예를 들어 옷을 사거나 자동차를 산 소비는 우리의 일상이나 인생을 바꿀 수 없지만 여행 같은 경험을 할 때는 우리의 일상이나 인생을 통째로 바꿀 수 있는 계기를 여행으로 만들기도 한다.

출발할 때 이름이 낯설었던 공항은 태국의 수완나품 공항이었다. 바야흐로 입국 통로로 들어서려고 하는데 보안 요원이 막아섰다. 이유를 물어보니, 체류 예정지 칸에 지역이 아닌 숙소 이름을 적으라고 했다.

한국에서 숙소를 예약한 동료샘이 아이들에게 정보를 맡겼지만, 에어비앤비 사이트에서 예약한 콘도라는 사실만 알고 있을 뿐이었다. 일반 여행이었다면 지도 교사가 얼른 해결하고 관광지를 향해 떠났을 것이다. 그러나 우리는 일부러 이런 상황을 해결하기 위해 찾아왔고 바로 이 일을 해결하는 것이 우리의 본론이다.

한참을 입국 심사대에서 실랑이했지만, 소용이 없었다. 어찌어찌 에어비앤비 사이트에서 우리 숙소를 찾아내고 현지 안내자의 도움을 받아 영문 주소를 현지어로 다시 기록하고 나서야 입국 허가가 났다. 보호자와 다닐 때는 관심도 없었을 일이다. 하지만 엑소더스 프로젝트에서는 입국 심사가 첫 번째 교관의 역할을 맡아 주었다.

세 사람이 함께 길을 걸으면 반드시 내 스승이 있다

수완나품 공항에서 예약한 콘도를 찾아가야 한다. 교통수단은 택시도 있고 버스, 지하철도 있다. 하지만 여행 가방을 들고 5명이 이동해야 하므로 아이들은 출발 전부터 일명 K라고 하는 픽업 서비스를 예약해 두었다. 이제 K를 찾는 과제를 수행해야 한다. 여기저기 물어보면 된다고 생각했지만, 해외여행이라는 것이 생각처럼 쉽게 일이 풀리는 것이 아니다. 아이들이 한참 동안 여기저기 묻고 다녔다.

"Do you know K?"

"Where is the K?"

모두 고개를 설레설레 저었다. 일반인에게 K라고 하면 못 알아들을 수도 있으니 살짝 힌트를 주기로 했다.

"음, 나라면 저기 여행사 직원에게 물어볼 거 같은데 여행사 직원은 픽업 서비스 K를 알고 있을 것 같은데 말이야."

드디어 지하에 K가 있다는 정보를 얻었는데 정작 아이들은 엘리베이터 앞에서 한참 고민한다.

"지하 1층에는 지하철 표시밖에 없어요. 여기가 아닌 거 같아요."

"음, 때론 직관이 필요해요. 지하가 맞을 거 같은데, 한번 가보자."

과연 지하로 내려오니 K 현수막을 만날 수 있었다. 그런데 정작 벤 운전기사를 만나려면 다시 1층으로 올라가란다. 알려준 장소로 찾아가니 K 직원이 우리의 이름이 적힌 종이를 들고 있었다. 심지어 우리에게 필요한 유심도 준비해 놓고서 말이다. 유심 개통 문제만 가지고도 한참 헤맬 수 있었는데 다행인 순간이었다. 어쨌거나 첫 번째 과제를 완수했다며 아이들은 기뻐서 어쩔 줄을 모른다. 태국 직원도 우리 아이들의 과제 수행을 손뼉 치며 함께 기뻐해 주었다.

아이들에게 택시가 아니라 픽업 서비스를 선택한 이유를 물었다.

"사전 조사를 해 보니까 태국은 일부 기사들이 택시 요금을 미터기로 운영하지 않고 바가지를 씌우는 경우도 많다고 해요. 우리 가족도 3년 전에 홍콩 마카오에서 택시 탑승을 하다 바가지를 경험했거든요. 비싼 것도 그렇지만 기껏 여행지에 왔는데 기분이 안 좋아지는 것이 더 큰 문제 같아요. 게다가 일반 택시는 기사 정보가 공개되지 않으니까 위험할 수도 있고요. 우리 인원이 5명이니까 택시 2대보다 벤을 부르면 한 대로 해결되고, 여행 가방도 싣기가 편리하고, 사전에 결재를 완료해 놓으면 긴 영어로 목적지를 설명할 필요도 없고, 제시간에 서비스를 받을 수 있는 편리함이 픽업 서비스에 있어요."

지도 교사는 직관형인데 아이들은 자료를 가지고 움직이는 분석형이다. 직관형과 분석형 두 유형의 조화를 훈련하는 것도 중요한 과제이다. 선생님과 아이들 모두 서로의 부족함을 여행을 통해 성장시킬 수 있다. "삼인행이면 필유아사언"(三人行必有我師焉), 즉 '세 사람이 함께 걸으면 반드시 스승이 있다'라는 논어 속의 지혜가 실감 나는 순간이다.

숙소에 도착하면 그대로 짐을 풀면 되겠다 싶었는데 역시 엑소더스 프로젝트에서는 긴장을 놓을 틈이 없다. 벤 기사가 콘도 정문에 내려 주었는데 콘도는 8개 동으로 이루어져 있다.

우리는 A2에 머물러야 하건만 현지인들 누구에게 물어봐도 입구를 모르겠단다. 무려 1시간을 여행 가방을 들고 돌아다녔다.

공항보다 숙소에서 더 많이 헤맬 판이다. 설상가상으로 여행 가방의 바퀴 하나가 고장이 났다. 뭐든 망가져야 고마움을 안다더니 바퀴가 고장 나기 전에는 여행 가방이 이렇게 거추장스러운 짐 덩어리인지 아무도 모를 것이다. 그 와중에 은행, 환전소, 슈퍼, 편의점 누구도 우리가 머물 A2 콘도 입구를 모른다고 했다.

"그렇다면 다시 선생님이 찾아볼게."

역시 짐작대로 미용실에 힌트가 있었다. 미용실은 전 세계 어디서나 통하는 동네 사랑방인 법이니까. 어딘가로 전화하던 미용실 사장님은 직원 한 명에게 직접 길을 안내해 주라고 했다. 미용실 통로를 직선으로 지나면 그곳이 바로 콘도 입구였다. 그러나 그 통로는 이용이 어렵다면서 다시 우리에게 돌아서 가라고 했다. 지금껏 뺑뺑 돌았지만 망가진 여행 가방을 끌고 가는 반 바퀴는 훨씬 더 멀어 보였다.

한국에서 출발한 시간은 새벽 3시. 태국 콘도에 도착한 시간은 오후 3시, 꼭 12시간 걸려서 낯선 타국에 짐을 풀었다.

"우와, 선생님! 직관력 진짜 소름 돋아요."

"아까 길 찾아오겠다고 했잖아. 역시 여행은 계획 10%에 직관이 90%야."

하지만 열여섯 살 예선이의 생각은 나와 달랐던 거 같다. 첫날 여행에 대해 예선이가 남긴 생각은 다음과 같다.

사실 대부분이 그렇지만 가족여행은 아무 생각 없이 가는 것이다. 눈 한

번 감았다 뜨면 다른 곳에 있고, 눈 한번 감았다 뜨면 맛있는 것이 있으니까 덕분에 생각할 기회가 없다. 그래서 시간이 지나면 다 잊힌다.

그런데 이번에는 달랐다. 내가 하나부터 열까지 다 알아보았다. 이렇다 보니 내가 기획한 이번 여행은 절대 잊혀지지 않을 것 같다. 단순히 공항에서 숙소로 가서 짐 푸는 것만 해도 숙소까지 가는 벤을 예약해야 하고, 가격도 알아봐야 해서 고려해야 할 것이 많았다. 이번 여행은 생각을 실행으로 옮기는 과정에서 배울 것이 참 많다.

항공권과 숙소를 제외한 모든 것을 내가 직접 기획하고 운영하기로 했다. 방콕 공항에서 내린 후 내가 한국에서 예약해 둔 K 픽업 서비스를 이용했다. 8개의 빌딩 숙소 건물을 1시간 동안 헤맨 후 겨우 체크인을 하고 늦은 점심을 먹으러 갔다. 레스토랑에서 얼마를 주문할 것인지, 무엇을 먹을 것인지를 직접 결정했다. 수영장에서 영상도 촬영했고 저녁 준비도 스스로 했다.

밥솥과 세탁기 사용에 문제가 생겨서 안내대로 가서 도움을 요청했다. 태국 직원이 올라왔는데 영어를 전혀 못한다. 태국어로 설명해 주는 밥솥 사용법과 세탁기 사용법에 대해 몸짓 언어로 해결해야 했다. 역시 언어는 문법이 아니라 소통으로 배워야 한다.

고슬고슬한 밥에 한국에서 가지고 온 김 한 장 올리고, 마트에서 사 온 김치를 얹어 저녁을 먹는다. 그때그때 현장에서의 응용도 중요하지만, 엄

청난 시간을 들여서 미리 준비하지 않았더라면 현장에서의 응용도 한계가 있을 것이다. 내 생각엔 여행이란 90%의 계획과 10%의 직관으로 이루어 가는 것이다.

고생 끝에 만난 K 직원과 손뼉을 치며 함께 기뻐하고 있다.

한식으로 아이들이 차린 감동의 밥상

콘도는 주상복합건물인데, 1층에 모든 편의 시설이 있었다. 대형마트도 있고 편의점도 있는데 가격은 비슷했다. 마트에서 프랑스 생수 에비앙이 눈에 띄었다. 1ℓ 3개가 79바트로 원화로 치면 대략 2,800원 정도이다.

"선생님, 우리 에비앙으로 양치질해 봐요. 한국에서는 꿈도 못 꾸잖아요. 비싼 생수라서 그런지 물에서 단맛이 나는 거 같아요."

"호주산 스테이크로 저녁을 해 먹어요. 그럼 후추랑 소금도 사야 할 거 같은데요."

"우와! 여기 김치도 있어요. 한국 김치랑 비슷한지 우리 한번 먹어 봐요. 아이스크림도 한국 것 그대로 있네요."

한국에서 출발 전 사총사가 마트에서 장을 보았다. 그때 준비한 3~4인분 쌀, 라면, 참치 등으로 저녁상 준비를 한다. 그런데 일단 밥솥이 문제였다. 전원을 켜면 불은 들어오는데 작동이 안 된다. 이를 어쩌나. 태국 콘도 직원은 영어가 자유롭지 못하다. 그럼 몸짓 언어로 대화를 해야 하나 싶어 걱정이 앞선다.

계속되는 도전으로 지칠 법도 하건만, 이 아이들이 누구인가. 무인도에서 바닷물로 밥을 안치고, 대나무 그릇에 모래 섞인 밥을 먹던 아이들이다. 이가 없으면 잇몸으로, 밥솥이 안 되면 냄비에 하면 된다.

아이들이 태국 방콕에서 냄비 밥에 도전한다. 쌀과 물을 넣고 손등으로 가늠하는 표정이 마치 허준이 탕약 안치듯 신중하기 그지없다. 5분 후쯤 끓기 시작하자 약한 불로 15분쯤 뜸을 들인다. 그런데 배가 고프긴 하지만, 뜻밖에 튀어나온 주제를 놓치기엔 너무 아깝다. 배고파 죽겠는데 왜 굳이 약한 불로 줄여서 15분을 기다려야 할까? 그냥 센 불로 10분 정도 가열하면 더 빨리 먹을 수 있는 거 아닌가?

뜸을 들이는 이유가 뭘까? 뜸의 사전적 의미는 '음식을 찌거나 삶을 때 열을 흠씬 가한 뒤 한동안 뚜껑을 열지 않고 그대로 두어서 안까지 잘 익히는 것'을 말한다. 그런데 같은 '뜸'이라는 말에 다른 뜻도 있는데, '효모나 세균 같은 미생물이 유기 화합물을 분해하여 알코올류, 유기산류, 이산화 탄소 따위를 생기게 하는 작용'을 말하기도 한다. 그렇다. 뜸은 발효와 비슷한 말이다.

우리가 메주를 띄울 때 발효가 잘되었다는 말을 할 수 있는데 술, 된장, 간장, 치즈 같은 것을 만들 때는 재료가 잘 발효가 되어야 한다. 그리고 잘 발효되려면 시간이 필요하다. 이 시간이 음식뿐 아니라 교육에도 필요하다. 학생들은 뜸이 들고 발효될 시간이 필요하다. 배우고 그것을 훈련할 시간이 필요하다. 그런데 선생님이나 부모님 같은 어른이 자칫 기다려 주지 않으면 뜸이 들지 못하고 말 것이다.

학교에서는 과목마다 수행평가에, 지필평가에, 내신 시험에, 모의고사에 그야말로 쉴 틈이 없게 몰아간다. 소위 '스펙'을 위해서 각종 대회, 동아리 활동을 빠질 수 없다. 학교 밖 교육 기관은 매달 교육비를 받아 내야 하니 매달 납득할 만한 성과물을 보여 주어야 한다. 아이를 철저하게 관리하는 기관이 꼼꼼하다며 인정을 받는다.

그러니 아이들은 20분 내내 센 불로만 가열되는 밥과 같다. 잘되어야 삼층밥이고, 잘못되면 탄 밥이다. 삼층밥엔 그나마 먹을 부분이 있긴 하다. 그렇다고 해서 센 불로 밥을 해야 한다고, 즉 아이를 몰아붙여야 한다고 판단해도 될까? 어쩌면 학교 성적 외에는 새까맣게 타들어 갔거나, 아니면 설익어서 쓸모없는 상태가 되는 것은 아닐까? 뜸이 들지 않으면 밥이 맛없고, 발효가 제대로 되지 않으면 냄새가 고약하고 숙성이 제대로 되지 않는다. 밥도 뜸이 들어야 하듯 아이들도 자신의 인생을 숙성시킬 뜸 들이는 시간이 필요하다.

도전은 끝나지 않았다. 이번에는 세탁기를 통해 과제가 생겼다. 콘도 수영장에서 놀고 와서 수영복을 세탁기로 돌리는데 1시간 동안 탈수만 반복되고 문이 안 열린다. 수영복이 찢어질 것 같다.

"1층에 가서 직원에게 물어봐야겠어."

현지인 AS 기사가 올라왔으나 영어에 능숙하지 않다. 몸짓 언어로 소통을 해서 어찌어찌 해결되었다. 세탁기는 돌아가고 고슬고슬한 밥이 차려졌다. 참 많은 도전이 있던 오늘 우리는 시차 덕분에 26시간의 하루를 살았다. 생각해 보면 어릴 때부터 온갖 여행을 함께해 온 아이들이다. 밥 먹을 때마다 정신없던 기억뿐인데, 어느새 많이 자라서 스스로 밥상을 차린다. 그것도 낯선 타국에서 한식으로 훌륭히 한 상을 차려 낸다.

"우와! 밥 정말 잘 됐다. 그렇지?"

윤기 도는 밥알과 함께 기특하다는 말을 꿀꺽 삼켰다. 칭찬은 잠시 적립해 두기로 하자. 스스로 자기 앞가림하는 것을 당연하게 여기도록 말이다.

방콕에서 콜택시를 잡아라!

"여기서 택시가 잡힐까?"

우리 세대에게 택시는 '잡는' 대상이었다. 가뜩이나 급할 때 고개를 길게 빼고 애타게 택시를 찾아내면 대부분 손님이 있었다. 어쩌다 '빈차'라고 쓰인 택시를 발견하고 애타게 손을 흔들면, 누군가 갑자기 튀어나와 가로채기 일쑤였다.

그런데 아이들에게는 다르다. 동남아 여행 중 아이들은 승차 공유 서비스 그랩(GRAB) 앱을 사용해서 순식간에 깔끔하게 주문을 끝낸다. 현관에 나오니 택시가 다소곳이 기다리고 있다. 마침 그랩의 뜻이 '잡다'이니 말하자면 우리 대신 잡아 준 셈이다. 어쨌거나 공유 경제에 대해 논할 좋은 기회라 아이들에게 그랩에 대해 발표해 보라고 했다.

"지금 이곳이 태국이잖아요. 경제성도 그렇지만 우선 안정성을 더 고려해야 해요. 다른 나라에는 우버가 많지만, 태국은 그랩을 더 많이 사용해요. 그랩은 기사 정보도 있고 기사와 통화도 가능해요. 서비스 수수료가 150바트니까 우리 돈으로는 대략 5,200원이에요."

택시를 이용하는 동안 한 아이가 핸드폰을 유심히 보고 있다. 뭔가 하고 보았더니 구글 맵이다. 기사가 일부러 먼 길로 돌아가는 건 아닌지 확인하는 거란다. 한국말을 못 알아들을 텐데 굳이 귓속말로 속닥댄다. 어쨌거나 주도면밀한 점은 알아주어야 한다.

"선생님! 저희가 얼마나 꼼꼼한지 보여 드릴게요. 잘 보세요."

어린 시절 50여 회의 여행에서 실패와 실수를 반복한 아이들은 굳이 자기들이 약한 상황을 찾아가서 좌충우돌하며 자라난다. 그들은 이제 첨단 기기를 손에 쥐면 날개 달린 호랑이처럼 훨씬 쉽게 적응하고 현명하게 일을 처리하고 있다.

방콕의 놀이동산 드림월드에서 놀아봤니?

두 명은 한국에서 여행을 준비하면서 인터넷으로 커플 티셔츠를 구매했다.

"땀을 잘 흡수하는지, 소재가 무엇인지, 가격은 어떤지 모두 고려해서 주문해야 해요."

공항 픽업 서비스랑 콜택시 부르는 방법을 조사하는 줄 알았더니, 이것저것 직구에다가 할인 가격으로 놀이동산 입장권 구매 방법까지 조사해 놓았다.

출발 전부터 콘도, 드림월드 놀이동산 입장권, 방콕 시내 야간 자전거 여행을 할인가로 결제했다. 지도 교사로서는 카드 한 장 건네주는 것밖에 할 일이 없다. 인터넷 구매는 한국에서도 어려울 때가 많은데 영어로 된 결재 사이트 몇 개를 일사천리로 해결했다.

"가장 먼저 어디로 갈지 토의해 봤는데 놀이동산으로 의견을 모았어요. 한국에서 놀이 기구 다섯 개 타는 입장권이 3만 원이 넘거든요. 오늘 드림월드 입장권은 할인가로 1인 13,500원에 결제했어요. 5명 입장료 계산하니까 65,000원이 나왔어요. 저희 잘했지요?"

낯선 타국이니 신중할 만도 한데 아이들은 망설임 없이 신나

게 놀이 기구를 탔다. 까마득히 올라가는 바이킹에, 요란하게 달리는 롤러코스터에 환호성을 질렀다. 옆에서 지켜보는 나는 심장이 벌렁벌렁할 지경이다. 범퍼카는 왜 또 굳이 외국인들과 부딪혀 대는 건지. 마음속에 아무런 장벽이 없으니 가능한 걸까.

놀이동산에 왔더니 동심이 되살아났는지 그동안의 치밀함과 거리가 먼 모습들이 보였다. 한 친구가 같은 놀이 기구를 두 번 타더니 어이없게 웃으면서 나왔다.

"선생님 저 여권 든 가방을 보관함에 두고 탔거든요. 그런데 까먹고 놀이 기구에서 내렸는데 여권을 안 챙겼는지도 모르고 있었어요. 그런데 이 놀이 기구 재미있어서 두 번째 타고 내려오는데 보관함에 가방이 보이는 거예요. 진짜 어이없지요."

사건의 중대함에 비교해 보면 너무 천연덕스러운지라 경고를 해야 할지 말아야 할지를 고민할 때 한 아이가 외쳤다.

"선생님! 스마트폰을 벤치에 두고 왔어요. 잠깐만요."

뛰어가더니 당황한 얼굴로 되돌아왔다. 벤치에 두고 온 스마트폰이 없어졌단다. 안 그래도 스마트폰 분실을 조심하자고 그렇게 다짐했건만! 지도 교사의 표정을 보고 다른 아이가 안내대로 뛰어갔다. 천만다행으로 누군가가 안내대에 맡겨 놓았다고 했다.

지난 충주 여행에서의 아이들은 천둥벌거숭이와 같았다. 하루 안에 십여 개의 장소를 찾아 과제를 수행하고 돌아와야 했다. 순조로운 팀도 있었지만 내키는 대로 돌고 돈 팀도 있었다. 일반적인 여행이라면 아이들을 차에 태워서 과제 성공시키고, 재미있는 프로그램으로 훈훈하게 마무리했을지도 모른다. 그러나 우리에게 그런 방식은 없다.

실패는 실패로 끝나야 배우는 맛이 있다. 결국 과제를 완수하지 못한 아이들이 나름대로 실수와 실패의 원인을 분석했는지 수원 화성 여행에서는 뭔가 다른 모습을 보였다.

집에서 출발해서 수원역에 내린 아이들은 잠시 멈춰서 논의를 시작했다. 그러더니 안내대로 달려갔다. 활동지 과제 중 어느 곳부터 출발해야 할지, 코스의 특징은 무엇인지 꼼꼼히 조사해 놓고는 효율적으로 과제 수행을 마무리했다.

약간의 성장을 확인했지만, 그 당시에는 이 아이들이 어떤 모습으로 자라갈지 짐작하기 어려웠다. 그런데 이제 낯선 외국에서 훨씬 고도화된 과제를 척척 해내고 있다. 그렇다면 지금의 어이없는 실수를 단속하기보다 이리저리 부딪치는 에너지를 훨씬 중요하게 여겨야 한다. 아이들이 성숙하면서 그들의 실수도 언젠가 온전하게 갈무리될 것이다.

실수를 자꾸 다그치면 아이들은 좁아진다. 그리고 숨기려 하게 된다. 지금은 오히려 넓은 영역에서 실수하도록 지경을 넓혀 주고, 드러난 실수에 대해서는 긍정적인 의미를 부여하는 훈련을 해야 한다. 실수, 그것은 숨기면 독이 되고 드러내서 고쳐 쓰면 근육이 된다.

태국의 드림월드에서 한바탕 신나게 노는 사총사.

패키지 여행 vs 자유 여행

　20여 년 전 동남아 7개국을 패키지로 여행한 적이 있다. 그냥 가이드가 이끄는 대로 주는 밥 먹고 최적의 경로를 따라다녔다. 무엇보다 편안하고 쾌적한 건 분명했다. 그러나 패키지 여행은 자유가 없고, 재미가 덜하고, 추억이 부족하다.

　"이번 장소에서는 00시 00분까지 오세요. 한 분이라도 늦으시면 다음 관광에 문제가 생기니 꼭 시간 맞춰서 오세요."

　이렇게 지시받는 것이 불편할 수 있는데, 그럼에도 사람들이 패키지 여행을 하는 것은 편리함 때문일 것이다. 내가 조사하고 결정해야 하는데 여행사가 대신해 주니 굳이 여러 가지 선택을 저울질하거나 생각하지 않아도 된다. 그저 여행사에 대가를 치르면 되는 것이다. 게다가 보통은 패키지 여행이 가격도 저렴하다.

　아이러니한 것은 패키지 여행에서는 지불하는 금액이 많아질수록 만족도가 높아지고, 금액이 낮아질수록 만족도가 떨어진다는 것이다. 가성비가 만족도와 비례하지 않거나, 심지어 반비례한다는 이야기이다.

　반면에 자유 여행에는 패키지에 없는 능동성이 가득하다. 모든 프로그램을 마음대로 기획하고 운영할 수 있다. 다만 끊임없이 생각해야 하므로 고생과 피곤이 늘어난다. 그 대신 더 재미있고 추억이 오래 남는다. 여기서 흥미로운 법칙을 발견할 수 있는데 능동성은 고생을 수반하지만, 능동적인 고생은 흥미와 추억을 수반한다는 것이다.

　패키지(package)에는 '일괄'이라는 의미가 있는데, 이는 개인보다 단체를 연상시킨다. 개인적 교류보다 단체로 다니며 그들끼리만 소통하기 쉬운 게 사실이다. '여행'을 뜻하는 'travel'의 어원인 'travail'(고생)과 연결해 보면, 패키지 여행에는 고생이 적고 개성도 적은 반면 자유 여행은 고생하는 만큼 개성을 누릴 수 있다. 자유 여행에는 능동적인 고생이 있고, 현지인들과 어울리기도 하면서 개성 있는 여행을 만들어 갈 수 있다는 특징이 있다.

그렇다면 홀로 떠나는 여행은 어떨까? 혼자 여행해 본 적이 있다면 아마 느껴봤을 것이다. 묵묵한 여정 가운데 자기 안에서 떠오르는 수많은 자아를 말이다. 그리고 혼자이기 때문에 가능한 내면의 숨은 또 다른 나와의 특별한 대화를 말이다.

여행에 대해 옛사람들은 어떤 생각을 했을까? 데카르트는 17세기 초에 "여행한다는 것은 다른 세기 사람과 대화하는 것이다"라고 말했다. 《이미지와 환상》의 저자 다니엘 부어스틴은 그의 책에 여행을 다음과 같이 표현했다.

여행은 사람을 빠르게 생각하게 하고, 크게 상상하게 하며, 더욱 열정적으로 탐구하게 한다. 여행에서 돌아오면서 사람들은 현실을 변화시킬 아이디어를 함께 가져온다.

애덤 스미스가 《국부론》을 쓰던 1776년 당시에는 경제적 능력이 되는 사람들은 자녀들을 학교 졸업과 동시에 대학 보내기 전에 다른 나라를 여행시키는 것이 관습이었다. 젊은이들은 여행을 통해 많이 성장해서 돌아오곤 했다는 것이다.

오늘날 여행에 대한 이해는 많이 변화되었다. 과거 여행자들이 능동적이었다면, 현대 여행자들은 수동적이다. 다니엘 부어스틴은 이를 두고 이렇게 주장했다. "여행자(traveller)는 감소했고, 관광객(tourist)은 증가했다." 여행자는 일하는 사람이고, 관광객은 즐거움을 찾는 사람이다.

당신은 지금 여행자가 되고 싶은가? 아니면 관광객이 되고 싶은가? 자신에게 묻고 그 답에 따라 여행의 방법이 달라질 것이다.

방콕 야간 자전거 여행

20여 년 전 방콕 여행에서는 유명 쇼를 관람한 후 코끼리 타고 쇼핑몰을 둘러보는 것이 기본 코스였다. 그런데 아이들이 '자유롭게' 선택한 방콕 2차 코스는 골목을 누비는 야간 자전거 여행이다. 그렇다고 완전 자유 코스는 아니고, 안내인이 지정하는 곳을 4시간 정도 함께 주행하며 방콕의 골목 풍경을 즐길 수 있는 경험이다. 그런데 지도 교사인 내가 5분도 안 되어서 넘어지고 말았다. 자전거 타는 거야 문제없다고 생각했는데, 대여된 자전거는 전문가용 산악자전거처럼 생겨서 뭔가 불편했다.

"너 자전거 탈 줄 아는 거야?"

"응, 나 자전거 탈 줄 알아. 그런데 지금 중심을 못 잡겠어."

"너랑 함께 자전거 여행을 하는 건 우리 팀 모두에게 위험한 일이야. 넌 지금 자전거 못 탄다고!"

흥분한 목소리로 안내인이 화를 냈다.

"그래, 애들아. 선생님은 잠시 쉬어야 할 것 같아. 너희들 잘

디너올 수 있지?"

"아, 선생님 같이 가요. 천천히 가면 되잖아요."

"저기 이탈리아 총각 마음이 급해 보여. 너희들끼리 잘 다녀오렴. 돌아와서 이야기해 주고 말이야."

제주도 여행 때의 일이다. 아이들에게 우도와 가파도 중 하나를 선택하라고 했다. 우도는 아름다운 해변과 아기자기한 식당이 많지만, 가파도는 한적하고 내세울 만한 맛집이 없다. 그런데도 아이들은 가파도를 택했다. 이유를 물어보니 자전거를 타고 섬 탐험을 하고 싶은데, 13명이 함께 타려면 사람이 적은 곳이 안전하다고 생각해서란다. 그런데 가파도에 내리자마자 수현이가 속삭였다.

"선생님, 저 자전거 못 타요. 자전거 안 타 봤어요."

"괜찮아. 그럼 선생님이랑 걸어 다니면서 산책하자. 선생님은 걷는 것 좋아하거든."

"좋아요. 선생님."

마음이 놓인 듯 방긋 웃는데 그 순간 옆에서 예선이가 외쳤다.

"선생님, 우리 2인승 자전거 빌려요. 그러면 다 같이 자전거를 탈 수 있어요. 자전거 못 타는 친구는 잘 타는 친구가 앞에서 이끌면 돼요."

"너 2인승 자전거 타봤어? 앞사람 완전 힘들어."

"에이, 괜찮아요. 그래도 다 같이 타는 게 훨씬 낫잖아요."

결국 2인승 자전거 2대를 빌리기로 했다. 6학년 서진이가 3학년 수현이를 뒤에 태우고, 5학년 예선이가 4학년 승주를 뒷자리에 태웠다. 여행을 마치던 날 열한 살 승주는 제주에 보내는 편지를 남기며 자신의 마음을 표현했다.

제주에게 보내는 편지

송승주

안녕?

난 너의 안에서 여행하고 있는 송승주라고 해. 만나서 반가워!

너에게 온 동기는 내가 참여하는 모임에서 너에게 여행을 가기로 해서 야. 난 너를 여행하면서 친구라는 것을 배운 것 같아. 이 모임은 나 혼자가 아닌 친구들과 함께하는 것이잖아. 그래서 친구는 서로서로 도와주면서 협동을 해야 해. 또 친구와 하면 더 즐거운 것 같아. 같이 울고 같이 웃다 보면 저절로 친해지니까. 마지막으로 친구란 내가 부족한 것을 채워 주는 것 같아. 이것을 깨닫게 해 주어서 고마워, 제주야.

2인승 자전거를 탄 날, 승주와 예선이는 이불 속에서 밤새 도란도란 속삭였다. 승주는 제주에서 친구에 대해 깨닫게 되었다. 필요할 때만 찾는 것이 아니라 서로의 필요를 살피며, 서로의 어려움에 공감해 주며, 서로의 부족함을 채워 주며 성장하는 그가 바로 친구란 것을 말이다.

전에, 팔라완 무인도 두 번째 날에 소년 14명이 나와 여자 팀원 한 명을 남겨둔 채 온종일 섬을 탐험하다 돌아온 적이 있다. 그때 이런 이야기를 나누었다.

"무인도 생존에서 가장 중요한 게 뭔지 아니? 바로 팀원 모두가 생존하는 거야. 너희들은 팀원을 놓쳤어. 그럼 전원 실패인 거야."

마찬가지로 적용할 수 있다. 방콕의 자전거 여행 안내인은 팀원을 버렸다. 함께 가기 역부족인 팀원을 버리니 더 빨리 재미있게 진행할 수 있었다. 또 안전을 중요하게 여겨야 하는 그에게는 당연한 조치이다. 그러나 덕분에 팀 모두가 함께 성장하는 기회와 추억을 빼앗기고 말았다.

자전거를 대여해야 하니 일시적으로 패키지 여행을 할 수밖에 없었다. 하지만 만약 우리끼리 타는 자전거라면 천천히 가장 늦게 가는 사람을 보살피면서 나름의 재미와 의미를 가득 챙길 수 있었겠지 생각하니 아쉬움이 남는다.

세상은 우리에게 말한다.

"너 자전거 잘 못 타면 빠져! 너 때문에 팀 전체가 피해를 받잖아!"

그 요구에 담긴 효율성에 우리는 위축되고 초라해지기 쉽다. 그러나 그 순간에 이렇게 주저 없이 외치는 그런 아이들로 길러내자.

"바보는 바로 너야!"

우리가 여행하는 이유, 함께 자전거를 타야 하는 이유, 우리가 이 세상에 살러 온 이유, 이런 걸 송두리째 잊은 세상에서 그들의 요구에 귀 기울이면 똑같이 되고 말기 때문이다.

방콕의 골목을 자전거로 누비고 다닌 아이들이 상기된 얼굴로 돌아왔다. 같이 못 간 선생님이 못내 마음에 걸렸는지 가이드가 영어로 들려준 이야기를 꼼꼼히 메모해 놓았다. 수첩을 들치면서 자기들의 이런저런 소감과 섞어서 함께 들려주는 것이 기특했다.

"가장 기억에 남는 건 왓 포 사원이에요. '사원'은 파고다랑 여러 건물이 합쳐진 것을 말한대요. 그 사람은 '파고다'가 우리나라의 탑과 비슷한 건데, 유골을 담아 두는 곳이래요. 그 사람 말대로라면 우리나라에 있는 파고다 공원에도 유골 탑이 있는 걸까요? 아무튼 왓 포 사원은 보리수나무 사원이라는 뜻이래요. '왓 포'에서 '왓'이 사원이고, '포'가 보리수나무예요.

그런데 '포'는 영어로 'PHO'라고 쓰는데, 그게 베트남어로 '국수'라서 베트남 사람들이 '국수 사원'이라고 부른대요. 이 사원에는 왕실 사람들이 죽고 난 후 유골이 묻혀 있는 파고다가 매우 많아요. 그런데 사원 안에 태국 마사지에 대한 기록이 100개의 동상이랑 여러 기록물로 남아 있어서 중요한 의미가 있다고 해요. 그래서 2011년에 유네스코 세계 유산에 등재되기도 했대요.

사원 안에는 커다란 와불상도 있어요. 한국의 석굴암처럼 건물 안에 있는데, 여기선 부처님이 누워 있어요. 가로 60m, 세로 47m나 된대요. 건물 안으로 들어가면 동전을 넣는 통이 건물의 처음부터 끝까지 놓여 있어요. 사람들이 동전을 한꺼번에 많이 교환해서, 처음부터 끝까지 잘 배분해서 넣는 사람이 소원을 이룰 수 있다고 믿기 때문이래요."

"그다음에는 왓 아룬 사원에 갔어요. 아까 '왓'은 사원이라고 했는데, '아룬'은 새벽을 뜻해서 이름처럼 새벽이나 아니면 저녁에 가는 것이 가장 좋다고 해요. 태국 동전 10바트에도 그려져 있어서 태국 사람들에게 친숙한 사원이라고 해요. 왓 아룬 사원을 가려면 짜오프라야강을 건너서 톤부리로 가야 하니까 수상 택시나 배를 타고 가야 해요. 이 사원은 톤부리 왕 탁신이 건축했는데 코끼리 세 마리가 사람을 받들고 있는 형상이 있어요. 불교가 의미하는 5가지 천국 중 2번째 천국을 나타낸 거래요. 또 파고다와 비슷한 피라미드 같은 것이 있는데 '프랑'이라고 불러요. 사원 가운데에 엄청나게 큰 프랑이 있고, 그 거디란 프랑을 동서남북으로 4개의 프랑이 둘러싸고 있어요. 그 큰 프랑 안에 불상이 묻혀 있다고 해요. 원래는 프랑에 올라가 볼 수 있었는데 어떤 관광객이 프랑에 올라가다 떨어져서 죽는 일이 발생해서 그다음부터 금지되었다고 해요."

그다음에는 눈이 즐거울 정도로 화려한 꽃 시장과 야시상을 둘러봤다고 한다.

"그동안 계속 선생님이랑 있었는데 이번엔 같이 없으니까 너무 허전했어요. 꽃을 보니까 와~, 와~ 하고 좋아하실 선생님 모습이 눈에 선했어요."

"맞아요. 막 선생님 목소리가 들리는 거 같았어요."

"가이드가 평소에는 닭고기 꼬치를 산다는데 이번에는 돼지고기 꼬치를 무한 리필로 먹고 싶은 만큼 먹었어요. 태국 쌀이 안남미라서 따로 놓긴 하는데 우리나라 찰밥처럼 찰기 있는 스티키 라이스(Sticky Rice)라고 있거든요. 그거랑 같이 먹어서 더 맛있었어요. 자전거 한참 타다가 배고플 때라서 더 맛있었던 것 같아요."

"골목 여행을 하면서 우리나라가 잘사는 나라라는 걸 깨달았어요. 방콕의 골목이 많이 꼬불거리고 가로등도 작아서 위험해 보여요. 혼자 다녔으면 무서울 거 같아요."

"한 편의 영화를 보는 느낌이었어요. 소박해 보이는 다리가 있었는데 가까이 가 보니 매우 화려했어요. 다리에서 제 또래 아이들이 이야기도 나누고 차도에서 술래잡기하는 게 다큐멘터리 영화의 한 장면 같았어요."

"자전거를 타고 골목을 달리니까 방콕 현지 서민들의 삶을 볼 수 있었어요. 차로 돌아다녔으면 못 봤을 거 같아요."

"맞아요. 처음에는 누나가 천천히 가기에, '페달 좀 빨리 돌리지' 하고 답답했거든요. 그런데 그냥 놔두고 갈 수 없으니까 속도를 맞췄는데 그러니까 골목 풍경이 더 잘 보여서 훨씬 좋았던 것 같아요."

"선생님이 안 계시니까 팀원들이 서로 더 챙겨 주게 되더라고요."

그렇게 방콕의 밤은 무르익어 가고 있었다.

자전거를 타고 방콕 시내를 달려 보는 것도 즐거움이다.

방콕 야시장 나들이

사실 아이들이 자전거를 타고 골목을 누비는 동안, 나는 나대로 혼자 남겨진 4시간을 보낼 궁리가 필요했다. 자전거 가게 점원은 그새 문을 닫고 어디론가 사라졌다. 두리번거리면서 주위를 관찰하니 방콕 시티 도서관이 눈에 띄었다. 평소라면 바로 들어갔겠지만, 오늘은 점심부터 제대로 밥을 못 먹은 참이다. 일단 좀 더 걸으면서 요기할 곳을 찾기로 했다. 햄버거 매장 옆

복잡한 골목, 수많은 인파 사이로 야시장 입구가 보였다.

소고기, 돼지고기, 닭고기 모든 꼬치가 10바트 원화로 350원이다. 컵 과일은 50바트로 원화 2,000원이 채 안 되는 가격이다. 머리핀도 10바트 정도이다. 저렴한 물가에 뭐 하나 사서 손에 들지 않아도 마음이 푸근해진다. 허기도 잊고 시장을 한참 돌아다니다 왠지 모르게 눈길을 끄는 장소를 골라 모처럼 여유로운 2시간을 보냈다.

돈므앙 국제공항에서 몸무게를 재다

2박 3일의 방콕 여정을 마치고 다음 도시로 출발하는 날이다. 오전 7시 55분 비행기를 타야 하므로 새벽 4시에 알람을 맞춰 놓았다. 밤 비행기를 탈 수도 있지만 그리하면 도착 시간이 늦은 저녁이 된다. 한국의 남은 가족들과 동료샘 걱정이 태산이다. 과연 이 잠꾸러기들이 태국에서 새벽에 일어날 수 있을까?

"차라리 잠들지 말고 밤새워 놀까?"

"그러다 딱 출발 전에 잠들면 정말 못 일어난단 말이야. 그럼 비행기 항공권은 사라지는 거야."

돈므앙 공항으로 향하는 벤을 불렀다. 수완나품보다 나중에 건설된 돈므앙 공항은 최신식 설비를 갖추고 있다. 출발 전 여행 가방의 무게를 재는데 한국에서와 마찬가지로 한 명이 비만으로 나왔다. 여기서 몸무게란 여행 가방 무게를 가리키는 우리끼리의 은어다.

여행 가방 한 개에 15kg의 짐 무게가 넘어서면 비만이다. 항공사마다 짐을 실을 수 있는 무게가 조금씩 달라서 가장 적게 실을 수 있는 항공사의 무게를 기준으로 확인한다. 무게가 비만이면 다이어트를 해야지. 낑낑대면서 이 가방에서 짐을 덜어 다른 가방으로 옮긴다. 드디어 전원이 몸무게 심사를 통과했다. 또 작은 도전을 통과한 셈이다.

잘 정리한다고 해도 기준을 넘고 마는 여행 가방!

비만인 가방을 날씬하게 만들어 주는 아이들.
"어서 나눠, 나눠!"
"내 꺼 3kg 남았어. 이거 네 가방에 넣어."

[태국 끄라비] 태국 국제학교 탐방

만남을 추억하며 성장으로

팀원 손지운 이도현 이상진 이예선 (총 4명))

일정 2019년 1월 10~17일 (7박 8일)

첫째 날 태국 시골 공항에서 콘도 찾기, 유심 해결하기
둘째 날 끄라비 야시장 탐색, 세탁물 맡기고 찾기
셋째 날 파사이와 자장밥 만들기, 파사이 인터뷰, 수상 레스토랑
넷째 날 일요일에 문 연 치과 찾아 치료하기, 사바이 바바 만찬
다섯째 날 4섬 투어, 스노클링, 인근 스파에서 마사지 받기,
　　　　　도현이 생일파티
여섯째 날 파사이 국제학교 탐방, 아오낭 비치 일몰 감상
일곱째 날 골든트라이 앵글 방문, 카렌족 소수 마을 탐방
여덟째 날 항공권 셀프 발권하기

특징 끄라비는 시골 동네이다. 한적하고 조용한 것이 장점이지만, 시내 중심가에서 콘도까지 이동하려면 택시나 렌트 스쿠터 외에는 마땅한 대중교통이 없다. 도심의 편리함보다는 시골의 한적함을 선호하는 여행자에게 적합하다.

카드 NO, 현금 OK

그동안 지켜본 결과, 아이들은 대체로 변화에 빨리 적응하는 모습을 보였다.

하지만 그와 대조적으로 굼뜬 모습도 보였다. 출발할 때 아이들은 피곤하다면서 못 일어났고, 짐도 안 챙기면서 넋을 놓고 이번에도 콘도에 목 베개, 충전기 등을 두고 나왔다.

예산 문제에서도 마찬가지였다. 어제 자전거 여행 이후 자발적으로 문제를 제기해 주기를 기다렸지만 조용했다. 이제는 한번 단단히 짚고 넘어갈 때이다.

"자, 모여 봐. 우리 여행 경비를 정산해 봐야 할 때인 것 같다. 어제 카드로 결제한 금액이 하루 예산을 초과했다는 거 알고 있지? 카드 결제도 총 여행 경비에 포함되는 게 맞으니까, 각자 초과분만큼 남은 예산 경비 중에서 반납하도록 해요."

갑자기 당황스러운 듯 눈이 똥그래진 아이들의 표정은 혼자 보기 아까웠다. 자신의 여행 경비 봉투에 들어 있는 남은 액수에 대해서는 매우 민감한 것이 분명했다.

"선생님, 그럼 저희가 여기서 아르바이트해도 될까요? 선생님 가방을 들어드리면 10바트 어떠세요?"

"아니면 뭐 다음 도시에서 하루 이틀쯤은 숙소에 머물면서 공부만 하지요. 그것도 괜찮을 거 같아요."

"음, 지금부터는 매일 현금과 카드를 통합해서 지출 명세를 관리하는 게 나을 거 같아요."

아이들이 여행 경비를 통해 돈의 무게를 조금 체감하는 듯하다. 사실 경제나 재정에 대해 이해하는 것은 아직 이를 것이다. 그들이 성인이 되고 직접 돈을 벌어도 제대로 이해하기 어려운 문제이니까. 이론도 배우고 직접 관리도 해 봐야 할 것이다. 그러나 그 시작으로 나쁘지 않은 것 같다. 이제 아이들은 집으로 돌아가서 용돈 관리를 여행 이전과는 다르게 생각하게 될 것이다.

끄라비에서 콘도를 찾아라!

전날 저녁에 피곤해서 먼저 잠든 사이에 각자의 역할을 놓고 열띤 논쟁을 벌인 모양이다. 두 명이 매일 여행 계획을 기획하고 운영하니 남은 두 사람에게 설거지를 부탁했다가 거절당했단다. 그 이유는 단순히 귀찮아서였다. 뭔가 냉랭한 분위기는 끄라비 공항까지 이어졌다.

"그럼 이제부터 콘도 가는 방법을 직접 알아서 해결하란 말이야."

"알겠어. 그럼 직접 찾아가면 되잖아. 아예 따로따로 가면 되겠네."

"공동회비로 가면 안 되지. 지금 개별로 이동하겠다는 거니까 자기 개인 돈을 사용하는 것이 맞잖아."

한참을 설왕설래하다가 결국 두 팀으로 나뉘어 따로 가기로 결정되어 버렸다. 과연 괜찮을까 싶어 걱정이 앞섰지만, 중간에 간섭하면 기껏 이제까지 지켜온 여행의 철학을 부정하게 된다.

"좋아. 지금부터는 각자 콘도로 가는 거야. 여기 콘도 주소와 콘도 이름. 그리고 호스트 연락처가 있고 유심으로 받은 선생님 전화번호가 있지. 만일 무슨 일이 있으면 바로 연락해야 해. 남은 회비는 지금 반납하고 숙소로 오는 방법은 개인 여비로 알아서 오는 거로 하자."

숙소에 도착해서 기다리고 있는데, 한 팀은 잘 왔지만 다른 한 팀이 예정보다 늦어졌다. 남몰래 애태우고 있는데 표정으로 나타났나 보다.

"선생님. 아까 출발할 때 보니까 그 애들 비상금으로 준비해 온 달러 세고 있던데요. 잘 올 거예요. 만일 못 찾아오면 제가 경찰서에 가서라도 데리고 올게요."

말이 끝나기가 무섭게 다른 한 팀이 도착했다. 걱정할 틈도 안 주니 다행이라고 해야겠다. 출발할 때 서로 서먹한 건 벌써 사라지고, 어땠냐고 물어보면서 도현이와 상진이가 버스 타고 숙소로 온 사실에 모두가 흥분해서 떠들고 난리 났다.

"우리 솔직히 말해서 처음에는 당황스럽고 불안하고 약간 두렵기도 했어. 하지만 그동안 훈련한 대로 일단 차분히 경우의 수를 조사하면서 기록하고 있었지. 그런데 태국 사람들이 우리한테 와서 버스나 택시 탈지 물어보더라. 택시 타기에는 돈이 모자랄 거 같아서 흥정하려고 했는데, 아무래도 돈이 모자란다고 버스를 타라고 안내해 줘서 뭐, 버스 타고 왔지."

말은 간단하지만 낯선 타국에서 스스로 버스를 타는 것은 어려운 일이다. 과연 맞는 장소로 가는 건지 역은 지나치지 않았는지…. 게다가 결정적일 때 영어를 알아듣는 사람이 없을 수도 있는 것 아닌가.

위기 상황이 되었을 때 지혜를 발휘한다는 것은 평소 훈련의 가치를 가늠하는 방법이다. 어릴 때부터 쌓아 왔던 것들 그리고 지금 경험하는 것들이 아이들에게 충분히 도움 되리라는 것을 확인한 계기였다. 어찌 보면 이번 여행은 수년 동안 훈련해 왔던 것을 확인하는 일종의 추수감사절이다.

고통이 없으면 얻는 것도 없다(NO PAIN NO GAIN)

여행 내내 내가 아이들에게 강조한 것이 있다. 바로 'NO PAIN NO GAIN'이다. 왜 이것을 강조했나? 바로 결핍을 감당해 내는 아이들에게 그 의미를 잊지 않게 해 주고 싶어서이다. 나는 이 원칙을 아이들이 기억하도록 하면서 우리가 여행하는 내내 붙들게 했다. 아이들이 다 같이 이렇게 마음을 표현한다.

이번 여행을 계기로 'NO PAIN NO GAIN'이라는 말에 공감하게 되었어요. 그 이유를 정리해 봤는데 크게 네 가지예요.

1) 힘들수록 쉴 때 좋기 때문이에요.

우리는 새벽에 일어나서 온종일 이동했어요. 공항의 입국 심사나 숙소를 찾는 여정이 힘들긴 했지만, 그 때문에 여유롭게 쉴 수 있어요.

2) 힘들수록 추억이 생기기 때문이에요.

유심을 넣기 전에 유심 거치대를 열 수 있는 핀이 없어서 고생했어요. 이리저리 돌아다니다가 가위로 종이를 잘라서 대신 사용해 보기도 했어요. 결국에는 편의점에서 핀을 구해서 유심을 넣기는 했지만, 한참 헤맸던 덕분에 유심 핀의 중요성도 알게 되고 추억도 생겼어요.

3) 힘들수록 강인해지고 겸손해져요.

한국에서는 배고프다고 하면 그냥 짠! 하고 밥이 나오는 것 같았는데, 여행에서는 밥하고 설거지하고 정리하는 것이 매우 힘들었어요. 그런데 이제는 익숙해져서 별로 힘들지 않아요. 이번 태국 여행을 통해서 고통의 의미를 알고, 그걸 통해 무언가를 얻는 기쁨을 알게 되어서 정말 감사한 마음이 들어요.

4) 세상은 넓고 좋은 사람은 많아요.

여행하는 내내 이걸 정말 많이 느꼈어요. 이 여행을 준비하고 함께 데리고 오신 선생님, 반갑게 우리를 맞아 주었던 K 직원, 우리를 숙소까지 실어다 준 택시 기사, 오늘 일정을 예약해 준 예선 언니, 숙소 체크인부터 사소한 것까지 잘 알려 준 사라, 우리의 문제를 해결해 주려고 애썼던 안내대 직원, 말이 통하지 않아도 진짜 열심히 도와주었던 태국 AS 기사, 콘도 직원까지 참 고마운 사람이 많았어요. 세상은 넓고 좋은 사람은 많아요. 이걸 이번 여행이 알려 주는 것 같아요.

끄라비는 시골이다

"공항에서 헤어질 때 어떻게든 되겠지 생각은 했지만 어쨌거나 콘도를 잘 찾아서 다행이에요. 동생이 생일 선물로 560바트를 주었는데 그 돈이 콘도를 찾는 데 큰 도움이 되었어요."

몇 해 전 우리 집의 두 아이가 중학생이 되면서 매일 장에서 먹을거리를 퍼 나르다시피 하는 상황이 있었다. 이틀만 지나면 먹을 게 다 사라지고 또 다시 장을 봐야 하는 현실이 너무 힘들었다. 그랬던 아이들이 낯선 타국에서 먼 길을 찾아온 걸 보니까 더욱 대견하고 자랑스럽다.

외국에서 자란 아이들에게는 당연한 일인지 모르겠지만 한국에서는 이렇게 키우는 것이 정말 쉬운 일이 아니다. 워낙 어려서부터 공부 위주의 또래 문화가 형성되어 자기 앞가림의 필요성을 전달하는 데에도 저항이 만만하지 않기 때문이다.

마트에서 장을 보고 요리를 할 뿐 아니라 화상 통화로 한국 할머니와 통화를 하는 '스마트한' 아이들은 이제 35일 중 겨우 며칠이 지났을 뿐인데 느낀 것과 말할 것이 너무나 많았다.

"내가 가고 싶은 곳을 기획하고 준비하는 기회가 잘 없었는데 여기서는 그걸 직접 경험해 볼 수 있어서 행복했어요."

"이런 여행이 한국에서 대중화가 되면 좋겠어요. 하지만 현실적으로는 많은 사람이 함께할 수 없는 여행이기도 해요."

아이들의 마음을 끄라비는 아는 것 같다. 끄라비는 방콕과 달리 시골이라 그 한적함이 마음을 편안하게 해 준다. 다운타운에서 서쪽으로 벗어난 우리의 콘도에는 큰 상가도 없고, 은행도 없고, 마트도 없어 당연히 한국 김치를 구할 곳도 없다.

처음에는 교통 체증도 없고, 번화가도 없고, 사람도 많지 않아 다들 좋아했다. 그런데 조금 지나고 나니 왠지 하나둘 불편을 느낀다. 조금 움직일 때마다 택시를 불러야 하고 비용도 만만하지 않다. 이래서 사람들이 도시에 모여 사나 싶다. 한적함과 불편함을 모두 겪을 수 있는 이 환경에서 아이들은 또 어떤 자기만의 이야기를 만들어 가게 될까?

아이들은 수영장에서 늦은 밤까지 다른 아이들과 놀며 친해졌다. 몽골과 러시아에서 온 아이들인데, 그 가운데 여덟 살 몽골 어린이 태무진은 한국의 형, 누나가 너무 좋아서 밥을 먹으라고 불러도 들어갈 생각을 하지 않는다. 서로 술래잡기하고 숨바꼭질하고 수영장 안팎에는 온통 3개 국어가 뒤섞인 웃음소리로 가득했다.

태무진은 어릴 적부터 다닌 학교에서 성적이 안 좋아서 다른 학교로 전학을 갔다고 한다. 어떤 과목을 싫어하느냐고 물으니 수학, 과학, 컴퓨터를 댄다. 숙제를 안 해서 아빠 엄마에게 맞기도 했단다. 엄마는 엉덩이 맴매라 덜 아픈데 아빠는 회초리라서 무섭다고 한다. 결국에는 공부로 인한 부모들과 아이들의 전쟁이 전 세계 공통일까?

태무진은 전학 간 학교에서 만난 한국인 친구를 이야기한다. 이름이 릴리인 그 친구와 친하게 지내다가 어느 날 아무 말도 없이 한국으로 떠났단다. 그래서 엄청나게 울었다고 말하는데 눈물이 그렁그렁했다. 태무진은 그렇게 친구 덕분에 한국을 기억하고 있었고 이제 우리 아이들로 인해 한국의 형과 누나를 특별하게 추억할 것이다.

학생부 종합전형 등 수시 비율이 높아진 이후로 학생들은 같은 반 아이들을 친구라기보다 경쟁자로 여기게 되었다. 공부를 잘하는 아이들이 모인 고등학교일수록 이 현상은 심해진다. 사소한 부정행위는 예전에도 있었는데, 들키면 몇 대 맞고 반성문 쓰는 정도였다. 지금은 친구의 수상한 행동을 고발하는 아이들도 있다고 한다. 시험에 조금이라도 애매한 문제가 나와서 정답이 정정되면 그에 따라 등수가 엄청나게 오르거나 떨어지기 때문에 서로의 긴장은 극에 달해 있다.

하지만 아이들은 원래 이렇게 수영장을 둘러싸고 금방 친해질 수 있는, 그리고 서로를 길게 추억할 수 있는 존재이다. 이런 성품을 사라지게 할 정도로 성적만 뛰어난 아이들을 뽑는 것이 그렇게 중요한 것일까? 아니, 그렇게 해서 뽑힌 아이들은 그 정도로 뛰어난 것일까?

그러나 상황은 그렇게 암울하지만도 않다. 드러나지 않는 곳에서 수많은 부모와 교육자가 아이들의 소중한 소통 능력을 향상시키려고 애쓰고 있기 때문이다. 이번 여행에 함께 참가한 아이들과 그 부모님 역시 탁월한 안목을 가지고 함께 성장해 가는 이들이라고 믿는다.

우연히 만나게 된 친구들과 즐거운 시간을 보내고 우정을 쌓는 아이들.

아이들은 함께 웃으며 새로운 것을 배워 가고, 그들만의 이야기를 만들어 가고 있다.

끄라비의 아침식사 배달

아직 새벽 5시 30분. 배가 고파서 엎치락뒤치락하다 눈을 떴다. 날이 밝자마자 해변으로 가서 문을 연 식당이 있는지 찾았는데 어디에도 인기척이 없다. 그때 마침 오토바이를 탄 태국 아저씨가 지나간다.

"혹시 이 근처에 아침을 먹을 수 있는 레스토랑이 있나요?"

"이런, 어쩌죠. 3km 정도 가야 있어요."

"걸어서 얼마 정도 걸릴까요?"

"그냥 제 오토바이 뒤에 타세요."

예정에도 없는 태국 오토바이 체험을 하게 되었다. 낯선 아저씨 뒤에 타고 가르는 태국 시골의 아침 바람이 부드러우면서도 상쾌했다. 급히 나오느라 아이들 슬리퍼를 신은 채였는데 돌아올 때를 고민할 새도 없이 경쾌하게 달려갔다.

끄라비에 문을 연 아침 식당의 메뉴는 치킨 그리고 카레 볶음밥, 치킨라이스 등이다. 홀로 앉아서 몇 수저 떠먹은 후에야 슬리퍼 생각이 났다. 3km를 어찌 가나 망설이고 있는데 아침에 빨래 맡기면서 만났던 콘도 직원이 때마침 식사하러 나온 모양이다. 돌아가는 길에 태워다 줄 수 있냐고 부탁하니 흔쾌히 승낙한다. 오토바이를 믿고 아예 아이들 식사까지 배달하기로 했다.

아침 식사를 가져다주면 감사할 줄 알았더니 오히려 아이들에게 꾸중을 들었다.

"선생님! 아무나 오토바이 태워 준다고 타면 안 돼요. 행여 이상한 데로 끌려가면 어쩌실 뻔했어요. 하여튼 겁이 없으세요."

"아니, 그런 거야 선생님이 알아서 하지. 난 어디에다 데려다 놔도 잘 살 수 있다니까. 암튼 다음부턴 조심할게."

"그리고 선생님 'Beach'란 단어는 발음을 조심해야 해요. 이단어가 욕도 포함한단 말이에요."

"아이고, 알았어. 알았어. 얼른 식사나 하세요."

오늘 아침 식사비용은 총 250바트 원화로 9,000원이 안 되는 돈이다. 새벽부터 배달의 민족으로서 아침밥을 싼값으로 해결했는데 그런 선생님께 칭찬까지는 못할망정 아이들이 종알거린다. 그래도 아이들의 걱정 담은 잔소리는 진한 소스 얹은 치킨라이스만큼 구수하고 달콤했다.

밥하G 빨래하G 설거지하G

식당으로 가기 전에 세탁물을 맡기러 갔다. 안내대에 물어봤더니 빨래 무게에 따라 비용이 달라진단다. 총 1.5kg이니까 150바트가 들었다. 원화 5,000원 정도의 금액에 세탁과 건조, 다림질도 포함된다. 이런 생활이라면 동남아에서 살고 싶다는 말도 이해가 된다. 엄마뿐 아니라 아이들도 한번 해외 나가면 귀국하기를 싫어한다고 하지 않던가.

방콕에서는 콘도에 세탁기가 있어서 아이들이 세탁기 돌리는 법을 배울 수 있었는데 끄라비에서는 세탁물을 맡기고 비용을 치르고 찾아오는 법을 배운다. 속초에서 한 달 살 때는 손빨래하는 법을 배웠다. 빨래하는 방법도 한 가지가 아닌 여러 방법을 몸으로 익혀야 한다.

이곳에는 엄마도 아빠도 안 계신다. 지도 교사가 있지만, 안전 문제에 대해 총괄만 할 뿐 모든 일은 아이들 스스로 해야 한다. 물론 때에 따라서는 지도 교사가 식사도 청소도 세탁도 해줄 수 있지만, 이 경우에는 대신 다음 날 여행의 모든 권한을 지도 교사에게 위임하기로 했다.

귀찮은 설거지를 하며 또 따른 익숙함을 경험하게 되는 아이들.

이런 협상이 가능했던 이유는 아이들이 직접 기획하고 스스로 운영해 보는 모든 경험을 즐겼기 때문이다. 매끼 식사 메뉴도 직접 고르면 맛이 있든 없든 엽기적이든 정말 재미있어 한다. 집에서 밥을 차리기 위해 장을 보러 나가는 것도 놓칠 수 없는 재미이다. 외국 마트에 가면 우리와 다른 것을 파니까 신기하고, 우리와 같은 것을 파니까 신기하다. 처음에는 한국 상품을 보면 낄낄대기 바쁘던 것이 이제는 어지간한 태국 상표를 알아보고 비교하게도 되었다. 그런 덕분에 자장밥, 볶음밥, 라면, 짜파게티, 스크램블, 토스트 등 상에 올라오는 메뉴 수가 몰라보게 늘었다.

진로교육 전문가 조진표는 저서 《진로교육, 아이의 미래를 멘토링하다》에서 다음과 같이 주장한다.

너희들이 좋아하는 무협지 소설 보면 어떠니? 무술을 가르쳐 달라고 도사를 찾아가면 처음엔 물을 긷게 하고 장작을 패게 하고 청소를 시키지? 왜 그럴까? 무술은 재미있고 폼 나니까 누구나 하겠다고 덤비지만, 가르치는 입장에서는 성실한 사람을 뽑고 싶어 해. 무술의 일인자가 되려면 고통의 시간을 견뎌야 하니까…. 그 과정을 견뎌 낼 수 있는 사람이라야 해. 그래서 청소하고 밥하는 재미없고 힘든 일을 시키는 거야. 힘든 것을 해내는 사람만이 포기하지 않고 무술을 배울 수 있기 때문이지. 그리고 사실 청소하고 밥하는 시간이 무의미한 것이 절대 아니야. 그동안 체력을 키우고 인내심을 키우고 스스로 생각하는 능력을 키우면서 무술을 받아들이는 기초를 배우게 되거든.

끄라비 열일곱 살 소녀 파사이를 초대해요

숙소에서 어떤 귀여운 여자애를 종종 본다. 알고 보니 콘도 주인의 막내딸이라고 한다. 올해 열일곱 살 파사이는 4년 전부터 국제학교에 다니고 있어서 영어가 자유로운 덕분에 많은 이야기를 나눠 볼 수 있었다.

끄라비에서는 금요일부터 일요일까지 3일간 야시장이 열리는데 파사이가 가이드 역할을 해 주었다. 파사이는 우리가 놓치기 쉬운 부분을 꼼꼼하게 일러 주며 보여 주었다. 야시장에서 파타야, 꼬치, 수박 주스를 맛보면서 돌아다니는 저녁은 아주 특별했다.

"파사이, 너 내일은 학교 안 가는 토요일이지? 우리 내일 아침에 자장밥 해서 먹을 건데 같이 먹을래?"

"응, 그래 좋아."

오전 9시 30분 파사이가 도착했다. 지금 콘도는 'ㄷ' 자형의 콘도이고, 콘도 안에 수영장이 있는데, 우리가 묵는 동과 파사이가 사는 동 모두 가운데 수영장을 둘러싸고 있다. 그러니 파사이가 우리 숙소로 오는 데 걸리는 시간은 5분이면 족하다.

두 번째 무인도 탐험 중 아침 식사 메뉴가 자장밥이었다. 그당시 당근, 양파, 감자 써는 데만 1시간이 걸리던 아이들이었는데 이번 아침 준비는 제법 익숙한 모습이다. 파사이를 의식해서 더 그런지도 모르지만 말이다.

파사이가 오자마자 부엌 싱크대로 다가선다. 싱크대에 음식물이 걸려 물이 잘 내려가지 않자 맨손으로 음식물 찌꺼기를 걸러 낸다. 언젠가 한 지인이 들려준 이야기가 떠오른다.

"우리 친정엄마는 우리 집에 오실 때면 말이야. 오시자마자 부엌으로 가서 싱크대 음식물 찌꺼기부터 정리하세요. 저는 우리 집 살림인데도 음식물 찌꺼기 만지기 싫은데 엄마는 오실 때마다 제가 가장 하기 싫어하는 그 일을 가장 먼저 하세요."

모두가 집안일을 하고 있지만, 은연중에 하기 싫어서 외면하는 일. 그 일을 파사이가 우리 숙소에 오자마자 한다. 태국 엄마들은 과연 어떻게 자녀를 교육하는 것일까?

파사이와 사총사가 함께 자장밥을 먹고 파인애플 껍데기를 벗긴 후에 오레오 과자에 우유와 아이스크림을 곁들인 디저트를 즐긴다. 맛이 어땠냐고 물었다.

"끄라비에 자장면을 파는 한국 식당이 있는데 오늘 먹은 것이 더 맛있어."

아마 한국에서 가져온 자장 분말 가루가 제 역할을 해낸 것 같다. 아이들과 파사이가 영어로 자유롭게 대화하는 걸 보니 이러니저러니 해도 역시 다음 세대는 글로벌화된 것이 맞구나 싶다. 이야기하던 중에 갑자기 90세 외할머니가 페이스북 화상통화를 걸어오셨다. 세상에, 할머니도 글로벌화 완료이시군요.

"공부한다고 놀지 못하지 말고 매일매일 신나게 놀다 와라. 그래야 큰일도 하는 거야."

90세의 인생을 담은 철학을 아이들은 안 그래도 잘 실천하고 있다. 어느새 설거지까지 마친 아이들은 파사이와 함께 인터뷰 시간을 갖기로 했다.

"선생님, 지금부터는 영어로만 인터뷰를 하는 거예요. 한국어를 사용하는 사람은 벌금 10바트예요."

"좋아. 그렇게 하지 뭐. 그런데 아예 벌금을 올리지? 20바트로 하자."

그렇게 우리는 파사이와 1시간 정도 넘게 영어 인터뷰를 진행했다.

사총사와 파사이가 자장밥을 만들어서 아침 식사를 한다.

파사이가 들려주는 태국 청소년들의 일상

파사이에게 태국에 관한 궁금한 모든 것을 묻고 답하는 시간이다. 이게 심문인지, 취조인지 모르겠지만 사람 좋은 파사이는 웃으면서 조목조목 잘 대답해 준다.

질문 : 이름이 뭔가요?

대답 : 파사이라고 해요.

질문 : 파사이란 이름의 뜻이 있을까요?

대답 : 하늘이 맑다는 뜻이에요. '파'가 '하늘'이라는 뜻이고, '사이'가 '맑다'라는 뜻이에요.

질문 : 몇 살인가요?

대답 : 17살이에요.

질문 : 파사이가 다니는 학교는 몇 시에 등교해서 몇 시에 하교하나요?

대답 : 보통 8시에 시작해서 4시 50분에 마치는데, 금요일은 3시에 끝나요. 태국 학교 시간은 비슷비슷해요.

질문 : 학교 숙제는 어느 정도일까요?

대답 : 학년에 따라 숙제의 양이 달라지는데 지금은 숙제의 양이 많아요.

질문 : 한국은 고등학교에서 야간 자율 학습을 해요. 이런 부분이 태국은 어떻게 진행될까요?

대답 : 태국은 학교 수업을 마치면 다른 학교에 가서 공부하는 시스템이에요. 학교가 돈을 벌기 위해 학교 밖에서 배우라는 선생님들도 있어요.

질문 : 파사이가 가장 좋아하는 과목은 무엇인가요?

대답 : 태국 사람이라서 태국어가 가장 쉬워요. 하지만 태국어로 시와 같은 문학을 배울 때는 어렵게 느껴지기도 해요.

질문 : 파사이가 가장 싫어하는 과목은 무엇인가요?

대답 : 수학을 싫어해요. 외워야 할 부분이 수학에 많아요.

질문 : 태국 엄마들의 특별한 자녀 교육 방법에는 어떤 것이

있을까요?

대답 : 태국 엄마들은 딸들에게 집안일 하는 것을 잘 알려 주고, 만약에 엄마가 외출 시에는 집안일을 모두 할 수 있을 정도로 교육시켜요. 제가 기억할 수 없을 정도로 어린 시절부터 스스로 하도록 가르쳐 주셨어요.

질문 : 태국 학교의 장점이 있다면 어떤 것이 있을까요?

대답 : 끄라비에는 숲이 많아요. 제가 다니는 학교도 숲에 둘러싸여 있어서 이런 환경에서 공부하는 것이 가장 장점인 거 같아요.

질문 : 태국의 학교 선생님들은 어때요?

대답 : 몇몇 선생님들이 좀 짜증나게 하시기도 해요. 가끔 교실 문을 노크도 안 하고 들어오는 분도 있어요.

질문 : 학교에서 어려운 점이 있다면 어떤 걸까요?

대답 : 점심 먹을 때 유치원 아이들과 같이 먹는데, 서로 먹는 속도가 달라서 그게 좀 불편해요. 그리고 초등학생 아이들이 스마트폰으로 게임을 많이 해서, 최근에는 학교에서 스마트폰 사용이 금지되었어요. 그 부분이 많이 불편해요. 그 대신 컴퓨터는 사용할 수 있어요.

질문 : 파사이는 일반 태국 학교가 아닌 국제학교에 다닌다고 했죠. 국제학교에 다니게 된 계기가 있나요?

대답 : 저는 영국 국제학교에 다니고 있어요. 아빠가 처음 권유하실 때는 안 가겠다고 했는데 태국 일반 학교에서는 영어를 배우기가 어렵대요. 그래서 국제학교를 선택했어요. 그때 선택을 잘한 것 같아요.

질문 : 한국 청소년들은 학교 수업을 마치면 학원에 가요. 방

과 후 학교 같은 곳이에요. 태국에도 학원이 있을까요?

대답 : 태국에는 학원이 없고, 집에 와서 학교 숙제를 많이 하는 편이에요. 학교에 따라 숙제의 양이 달라요.

질문 : 태국 엄마들은 아이들을 교육할 때 무엇을 가장 중점에 두나요?

대답 : 태국 엄마들은 아이의 성적보다는 좋은 사람이 되는 것을 제일 중요하게 생각해요. 좋은 사람이란 마약을 안 하고 바른 사람이 되는 걸 의미해요. 그런 아이를 키운 엄마가 되고 싶어 해요.

질문 : 한국의 중학교는 복장 규제가 심한데 태국의 학교는 어떤가요? 한국은 등교할 때 정문에서 복장 지도 또는 두발 규제도 해요.

대답 : 태국도 두발 규정이 있어요. 머리를 안 자르고 오면 학교 선생님이 직접 자르거나 때리기도 해요. 태국 학교에서는 두발 규정이 귀밑 3cm로 엄격한 곳도 있고, 국제학교처럼 자유로운 곳도 있어요. 염색이 가능하기도 하지만 분홍색이나 초록색은 안 되고, 금발이나 갈색이나 검은색은 가능해요.

질문 : 태국 학교에도 체벌이 있나요?

대답 : 네. 있어요. 법으로는 금지하지만 실제로는 많은 학교에서 체벌하고 있어요. 얼마나 잘못했는지에 따라 체벌이 달라져요. 어느 태국 학교에서는 한 아이가 40대를 맞아서 그 아이 엄마가 학교에 찾아간 일도 있다고 해요.

질문 : 태국 아이들도 페이스북이나 인스타그램을 하나요?

대답 : 태국 아이들도 SNS를 하고 있어요. 저도 좋아해요. 태

국 아이들은 SNS에 때마다 자신의 감정을 올리는 것을 좋아해요.

질문 : 태국 아이들은 하고 싶은 말을 직접 전하는 편인가요?

대답 : 그런 편이에요.

질문 : 태국 학교에서는 남녀가 사귀는 것이 허용되나요?

대답 : 학교 규정으로 정해신 것은 없지만 손잡는 정도는 가능해요.

질문 : 태국에서는 학교에 간식을 가지고 갈 수 있나요?

대답 : 간식을 가지고 갈 수는 있는데 숨겨서 가야 해요. 학교 규정에는 허락되지 않고 있어요.

질문 : 태국 학교 교사는 학생들에게 욕하는 것이 허락되나요?

대답 : 최대한 좋은 언어로 혼을 내려고 하시지만 안 그럴 때도 많아요.

질문 : 태국 교사들이 주로 사용하는 욕은 어떤 것인가요?

대답 : (웃으면서) 잘 안 혼나 봐서 모르겠어요.

질문 : 파사이가 영어를 배우는 이유는 무엇인가요?

대답 : 영어로 된 애니메이션과 영화를 보고 싶고, 음악 듣는 것을 좋아해서 영어를 배우는 중이에요.

질문 : 끄라비에 사는 청소년들은 고등학교를 졸업하면 무엇을 하나요?

대답 : 고등학교를 졸업하면 'ONET'이란 시험을 봐야 해요. 성적이 잘 나오면 좋은 대학을 갈 수 있고 그렇지 않으면 좋은 대학을 못 가요.

질문 : 태국에서 좋은 대학은 어느 곳일까요?

대답 : 라마 10세가 다닌 쭐랄롱꼰 대학교가 유명해요.

질문 : 파사이의 꿈은 무엇인가요?

대답 : 승무원이 되어서 많은 나라를 다니고 싶어요.

질문 : 한국은 대학 입시가 정시와 수시 두 가지가 있어요. 태
국은 어떤가요?

대답 : 모두가 치르는 GAT 시험과 전공별로 치는 PAT라는 시
험을 보고, 자신이 선택한 대학에서 본고사를 다시 봐
야 해요.

질문 : 태국에서는 자녀를 초 · 중 · 고등학교까지 보내는 동안
어느 정도의 교육비가 사용될까요?

대답 : 어디에 사느냐에 따라 다른데 저는 잘 모르겠어요. 제
가 다니는 학교는 1년에 15만 바트(원화로 530만 원) 정
도예요.

질문 : 파사이는 태국의 끄라비를 어떻게 소개하고 싶은가요?

대답 : 끄라비는 섬 지역인데 원숭이란 뜻이에요. 레오나르도
디카프리오가 영화를 촬영해서 피피섬이 가장 유명해
요. 끄라비에는 50만 명 정도의 사람들이 살고 있고, 이
안에서도 시골과 도시의 차이가 크게 나고 있어요.

질문 : 끄라비에서 꼭 먹어 봐야 하는 음식이 있나요?

대답 : 끄라비가 바다 가까이 있으니까 해산물을 먹어 보길 추
천해요. 사바이 바바 레스토랑이나 수상 레스토랑에 꼭
가 보세요. 찾기가 어렵지만, 그곳에서 지는 일몰을 보
면서 식사하는 코스가 유명해요.

인터뷰를 진행하면서 파사이가 추천한 레스토랑에 가 보고
싶어진 우리는 그곳을 저녁 식사 장소로 정하고 출발했다. 콘

도에서 배를 타는 곳까지 40분을 달린 후, 다시 수상 택시를 한참 탄 후에야 강 위 레스토랑에 도착했다. 오는 길은 생각보다 멀었지만, 메뉴판을 보는 순간 눈이 즐거워지고 요리가 나온 순간 모든 것을 납득하게 되었다.

파사이와 인터뷰를 진행하는 모습.

수상 레스토랑의 만찬

수상 레스토랑을 찾아 떠나는 과정이 즐거운 이유는 수상 택시 덕분이다. 왕복 500바트로 원화 18,000원이 조금 안 되는 비용을 지불하면 수상 택시의 속도감과 인근 맹그로브 숲의 경치를 즐길 수 있다.

그동안 경비를 아끼느라 신경을 곤두세웠던 아이들이 처음으로 가격을 의식하지 않고 마음껏 주문했다. 일몰의 아름다움이 우리 모두의 마음을 너그럽게 한 걸까. 그도 그렇지만 때론 이런 일탈이 더욱 중요한 무엇을 남기기 때문이다. 아이들이 갈릭 새우 살을 발라서 선생님에게 건네준다.

"선생님, 한 입 드셔 보세요."

"새우는 제가 발라 드릴게요."

돌아오는 길에는 맹그로브 숲 가운데로 수상 택시가 지나갔다. 뿌리가 통째로 물 위에 드러난 맹그로브 나무가 한눈에 들어오는데, 그 안에 작은 국립공원이 있어서 입장료 30바트를 내고 들어갔다.

들어가자마자 영화 〈정글북〉에서나 볼 수 있을 광경이 펼쳐

졌다. 아기 원숭이들이 나무 위에서 뛰노는 모습이 장관이었다. 그런데 처음에는 아기 원숭이들이 다가올까 봐 겁을 내던 아이들이 차츰 먼저 다가간다. 아이들이 용기 내어 다가가자, 이번엔 원숭이들이 겁내고 도망갔다.

수상 레스토랑에서 맛난 새우를 즐기는 모습.

수상 레스토랑에서 만찬 시간.

한국에 보내는 엽서 한 장

태국 여행 7일째 되는 날, 아이들이 부모님께 엽서를 쓰며 아침을 시작했다.

내가 사랑하는 우리 똘머니('똘똘한 할머니'의 줄임말)께

할머니, 나 예선이야. 집에 사람이 적어서 많이 외로웠을 것 같아요. 여기 오니까 밥도 다 스스로 해야 하고 간식도 혼자 만들어 먹어야 해요. 할머니가 해 주시던 김치찌개가 정말 그리운 거 있죠? 항상 나는 학교에 가고, 엄마 아빠는 일하느라 할머니 잘 챙겨 드리지 못한 거 매우 미안하게 생각해요. 10년 뒤엔 내가 번 돈으로 꼭 할머니 효도 관광시켜 드릴게요! 기억도 잘하는 할머니, 내 약속 잊지 마세요. 할머니, 사랑해요.

예선 올림

엄마 아빠! 그리고 할머니 할아버지께!

나 지금 끄라비에 있어요. 내 생일이라고 레스토랑에도 가고 마사지도 받아요. 여기 와서 보니까 앞으로 태국 올 때는 가이드 없어도 될 것 같아요. 제가 가이드 해 드릴게요. 저를 여기 오게 해 주신 엄마 아빠, 공항에서 숙소로 가게 해 준 도경이, 계속 끊임없이 나를 사랑해 주시는 할아버지 할머니한테 너무나도 고마워요. 다음에 태국에 올 때는 엄마, 아빠, 할머니, 할아버지, 도경이 모두 함께 비행기 표, 숙소만 예약하고 와서 지내는 것도 좋을 것 같아요. 제가 다시 한국 갈 때까지 몸조심하시고 모두 기분 좋게 다시 만나요. 우리.

도현 올림

아부지 안녕하세요? 저 상진이에요.

솔직히 이 엽서를 쓰기가 귀찮지만 그래도 쓸게요. 음…. 일단 저를 이 여행에 보내 주셔서 감사해요. 숙소도 좋고 볼거리도 있고 모든 것이 좋지만 역시 집이 제일 편한 것 같아요. 그리고 여기 와서 설거지라든가 집을 치운다든가 하는 일이 만만찮게 귀찮고 힘든 일이라는 것을 알게 되었어요. 그래서 앞으로는 최소 내 방 정리는 내가 하는 것이 맞는 것 같고 뭐 이런저런 것들을 깨달았어요. 이렇게 귀한 경험을 하게 해 주셔서 아빠한테 고맙고 그래요. 아빠, 사랑해요. 할머니께도 사랑한다고 전해 주세요.

상진 올림

세상에서 제일 멋있고 사랑스러운 아빠께!

아빠 안녕? 나는 제일 믿음직스럽고 아빠 닮아서 완벽주의자인 큰 딸 예선이야. 아빠가 다 준비하고 보낸 여행이 엄청 많은 것 같은데 그때마다 아빠는 같이 못 와서 아쉽고 미안해요. 그나마 코타키나발루에서는 만날 수 있어 정말 좋은 것 같아요. 여기 끄라비에 오니까 지운이 말처럼 한국에서는 내가 잘 안 먹던 아빠의 볶음밥이 먹고 싶어지는 것 같아요.

(소곤소곤)엄마가 짜증을 내는 건 그냥 흘려듣고 마음에 담아 두지 마세요. 여기서 하나하나 다 해결하니까 아빠가 얼마나 힘들었을지 알 것 같고 아빠의 존재감, 아빠의 역할이 절실히 필요하다고 느껴져요.

아빠, 우리 각자 머문 곳에서 열심히 살고, 말레이시아, 홍콩에서 만나 재미있게 놀아요. 아마 엄마가 아빠를 제일 많이 기다릴 거예요.

눈에 넣으면 조금 아플 딸 예선

나의 전부인 엄마, 보고 싶어요(잔소리도).

헬로 마덜 아임 지운. 여기 호텔에서 엽서를 팔기에 엄마가 가장 먼저 생각나서 편지를 쓰게 되었어요. 일단 먼저 여기 여행 보내 줘서 정말 고마워요. 여긴 날씨도 너무 좋고, 음식도 정말 맛있어.

사실 우리 해외여행 패키지로밖에 안 와 봤는데 이렇게 자유롭게 우리 가족끼리만 와도 진짜 알차게 놀 수 있을 것 같아요. 언니랑 아빠 둘이 여행 갔으니까 엄마랑 나랑 둘도 배낭여행을 꼭 해보고 싶어요. 엄마, 조심해서 잘 있다 갈 거니까 내 걱정하지 마세요. 항상 엄마에게 짐만 되는 딸인 거 같아서 미안해요. 앞으로는 언니보다 더 힘이 되어 주는 멋진 딸이 될게요. 엄마 사랑해요.

내 이름은 귀엽 지운이에요

그저 아이같이 신나게 노는 것처럼 보여도, 엽서에 담긴 표현을 보면 알 수 있다. 다들 나름의 깊은 생각 주머니를 만들어 가고 있다는 것을.

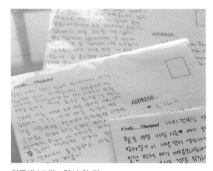

한국에 보내는 엽서 한 장.

아빠는 ATM기다

끄라비에 머무는 동안 아이들은 종종 아빠 이야기를 한다. 그러나 아빠는 지금 이곳을 함께 누리고 있는 게 아니라 일터에 계신다.

"요즘 아이들이 아빠를 ATM기라고 해요. 용돈 주는 기계로 생각하는 거죠. 어떤 애는 자주 보는 거 빼고는 기러기 아빠랑 별로 다를 게 없대요. 여행 중에 문득 아빠 생각이 나면 너무 미안해요. 아빠가 지금 이곳에 계시면 얼마나 좋을까요? 아빠가 ATM기라고 생각하지는 않지만, 지금도 우리는 이렇게 즐기고 있으니까 열심히 일하고 계시는 아빠한테 죄송해요. 굳이 말하면 아빠는 끊임없는 사랑을 주는 ATM기 같아요."

불쑥 내뱉은 말이 좋은 통찰을 제공해 준다. 아빠는 원래 이런 가치를 지니고 있는 사람이다. 눈에 보이지 않고 만질 수 없는 엄청난 가치가 아빠라는 이름에 내포된 것이다. 현명한 사람은 보이지 않는 것의 가치를 알지만, 우매한 사람은 보이는 것에만 몰두한다.

요즘 사람들은 뭐니 뭐니 해도 'Money'가 아빠의 가장 중요한 기능이라고 생각한다. 돈 주는 역할뿐 아니라 다른 것도 해준다면 좋긴 하지만, 만약 돈도 벌지 못하면서 그러면 오히려 더 밉상이 된다. 아이가 무언가 관심을 가지고 도와주려고 할 때 부모가 이런 반응을 보인다고 하자.

"넌 저리 가 있어. 다른 일은 몰라도 돼. 공부나 열심히 해. 됐어. 네 할 일이나 잘해."

아이는 부끄러움과 당혹스러움을 느낀다. 섣불리 손을 내밀었던 게 후회된다. 다음번에는 그렇게 하지 않으리라 다짐한다. 아이는 '다른 일'에 대해 전혀 무지하게 자라난다. 위축된 아이는 '다른 일'뿐 아니라 공부에서도 위축되기 쉽다. 현명하지 못한 부모의 반응법이다.

아빠가 무언가 관심을 가지고 도와주려고 할 때 가족이 이렇게 대화했다고 하자.

"아빠 잠깐 자리 비켜 주세요. 아빠 몰라도 돼요. 아빠 돈이나 열심히 벌어요. 됐어요. 아빠 할 일이나 잘해요."

대놓고 이야기하지는 않더라도, 표정과 자세로 이 모든 메시지가 전해지는 법이다. 아빠는 부끄러움과 당혹스러움을 느끼고, 섣불리 손을 내밀었던 걸 후회하게 된다. 다음번에는 어떻게 해야 할지 알 수 없게 된다. 아빠는 자녀의 '다른 일'에 대해 무지하게 되고, 위축된 아빠는 '다른 일'뿐만 아니라 본업에서도 위축되기 쉽다. 현명하지 못한 가족의 반응법이다.

우리는 행여 다른 친구랑 비교당한다면 언제든지 상처받고 화낼 준비가 되어 있다. 그런데 아빠를 비교한 적은 없었나? 금수저니 흙수저니, 누구네 차는 뭐고 아파트는 몇 평이니, 누구는 용돈이 얼마이고 생일 선물이 뭐였다느니…. 누가 끊임없이 더 많이 비교하고 누가 터무니없이 더 화를 내는가? 남의 돈 벌어오는 것치고 만만한 일은 없다.

최신 ATM기들이 계속 출시되면서 끊임없이 경쟁을 강요받는데 그 와중에 집에서도 비교당하는 아빠들. 이 바보 아빠들은 제대로 화내는 방법도 배우지 못했다. 어느 순간 자기도 모르게 폭발하면 가슴 속에 쌓아 둔 힘든 감정을 적절하지 못한 방식과 적절하지 못한 말로 쏟아 내고 만다. 갑자기 분위기를

싸하게 만드는 존재가 되었으니 갈수록 대화는 적어지는데, 통장 잔고에서 돈은 어김없이 빠져나간다. 감정 공유가 메말라 가고, 명실상부 싸늘한 퇴물 ATM기가 되어 간다.

만약 당신의 아빠가 원래 모습 가운데 일부라도 잘 간직하고 있다면, 그것은 그가 안간힘을 다해 세상의 압력에 저항한 결과이다. 그리고 '보이지 않는 것'을 소중히 여기는 가족의 현명한 반응 덕분이다.

물론 모든 아빠가 원래 모습을 간직할 수는 없다. 그러나 아빠를 ATM기처럼 여기는 아이들은 어차피 한 가지 모습만 요구하는 것이 아닌가? 아빠를 ATM기로 여기는 아이들에게 전해 주고 싶다. 아빠를 바라보는 관점을 바꾸어서, 사랑을 주는 ATM기라고 하면 같은 말이라도 의미와 뉘앙스가 매우 아름다워질 것이라고 말이다.

아이들이 아직 제대로 모르는 것이 있다. 아빠의 사랑이 ATM기처럼 항상 흘러넘치지는 않는다는 것이다. 사랑하고자 하는 의지는 끊임없을지 몰라도 사랑을 표현할 수 있는 여건은 계속 바뀌고 갈수록 줄어든다. 아빠도 이따금 세상에 흔들리고 고뇌하며 초라해지기도 한다. ATM기도 노쇠하고 망가진다. 그러니 지금 사랑한다고 끊임없이 속삭여 주는 것은 어떨까?

《어린 왕자》에 이런 구절이 있다.

그리고 그는 여우에게로 돌아왔다. "잘 있어…." 그가 말했다.

"잘 가…." 여우가 말했다. "내 비밀은 말이야. 그건 매우 단순해. 사람들은 마음으로 봐야 잘 보인다는 걸 모른다는 거야. 절대로 필요한 건 눈에 보이지 않아."

"절대로 필요한 건 눈에 보이지 않는다." 어린 왕자는 기억하기 위해서 되풀이했다.

"네 장미를 그토록 소중하게 만든 것은 네 장미를 위해 네가 들인 시간이야."

"내 장미를 위해 내가 들인 시간이다." 어린 왕자는 기억하기 위해서 되풀이했다.

"사람들은 이 사실을 잊고 있어." 여우가 말했다. "그러나 너는 그것을 잊어서는 안 돼. 네가 길들인 것은 영원히 네 책임이 되는 거야. 너는 네 장미에 대한 책임이 있어…."

"나는 내 장미에 대한 책임이 있어…." 어린 왕자는 기억하기 위해서 되풀이했다.

끄라비 태국 국제학교 vs 한국 학교의 차이

파사이가 다니는 태국 국제학교 탐방을 하러 방문했다. 1년 학비 15만 바트로 우리 돈으로 약 500만 원이 넘는 이 학교는 한국의 학교와 어떤 차이가 있을까?

학교 정문을 지나니 교무실 앞에 교사들의 프로필이 있다. 한참을 뚫어지게 살펴보던 지운이가 속삭인다.

"아, 선생님들도 교복을 입었다."

아이들은 빨간색 티셔츠를, 교사들은 파란색 티셔츠를 입고 있었다.

파사이는 점심시간 풍경을 소개해 주었다.

"우리 학교는 점심시간에 각자 식판을 가지고 원하는 곳에 앉아서 식사할 수 있어."

"한국에 있는 내가 다니는 학교는 점심 먹을 때 지정석이 있는데, 앉고 싶은 곳에 앉을 자유도 없어요."

유심히 국제학교 곳곳을 살피는 아이들 눈에는 한국 학교와 어떤 차이가 있는 것일까? 태국의 끄라비 국제학교를 방문한 뒤 열다섯 살 지운이는 다음과 같이 소감을 글로 남겼다.

파사이네 학교에 갔던 것이 제일 기억에 남는다. 진짜 초록초록했고, 학교에 자연을 가져다 놓은 것이 아닌, 자연에 학교를 가져다 놓은 것 같았다. 우리 학교는 건물 천장은 낮고, 층수는 높아 뭔 양계장에다 닭을 30마리씩 풀어 놓은 것 같은데 파사이네 학교는 천장이 높고 딱 2층만 있고, 문을 열면 자연이 교실을 둘러싸고 있었다.

축구장도 무릎이 긁히는 인조잔디가 아니라 자연 잔디였다. 유리창의 문에는 밝은 빛이 넓게 들어오고, 한 반에는 10명씩 하루에 한 과목씩 공부하는 시설과 환경을 보고 정말 이런 세상도 있구나 싶었다.

국제학교에서 공부해 보고 싶다. 학교 교실마다 뒷벽에 다양한 각 교과목에서 배운 내용을 색색의 활동지에 정리해서 붙여 놓았다. 그런데 그 활동지에 사용된 정교화 방법들이 평소 이순오 소장님이 알려 준 학습 코칭 방법과 일치하는 것을 보니 매우 신기했다. 그래서 결론은 이 소장님은 끄라비 또는 휴양지에 땅을 산 다음 국제학교를 만드시면 된다.

이불 밖은 위험해

끄라비의 4섬 투어와 피피섬 여행을 준비하며 복잡한 수학 문제를 떠올렸다. 끄라비에는 다양한 관광 상품이 준비되어 있다. 섬이 모두 비슷비슷한 것 같지만, 알고 보면 각각의 재미가 엄청 다양하다. 일단 자료를 조사하기 시작하니 여러 가지 다양한 조건들을 하나하나 분석해야 하는 일이 기다리고 있었다. 수학으로 말하면 조건이 3~4개나 되는 난이도 높은 문제인 셈이다. 조건이 많아질수록 더 많이 생각해야 하고, 하나의 조건이라도 잘못 분석하면 결과 값이 다르게 되어 버린다.

사총사는 다음의 여섯 가지 조건을 살펴보며 섬 여행을 선택했다.

첫째, 타고 싶은 보트는 무엇인가? 롱테일 보트를 탈지, 스피드 보트를 탈지에 따라 가격이 달라진다. 가격은 롱테일 보트가 저렴한데, 긴 시간 이동할 때 뱃멀미의 가능성이 있다. 반대로 스피드 보트는 이동 시간이 빠르고 뱃멀미를 적게 하지만, 가격이 비싸다는 단점이 있다.

둘째, 어떤 식사로 할 것인가? 도시락을 선택할 수도 있고 레스토랑을 이용할 수도 있다. 도시락은 끄라비에서 우리가 아침 식사 배달을 했던 카레밥 또는 닭고기 볶음밥에 해당하는 메뉴이다. 레스토랑 식사는 치킨 닭다리와 볶음밥에 수박과 파인애플로 구성되어 있고, 피피섬 레스토랑은 토마토 스파게티, 샐러드, 밥, 반찬, 과일, 커피, 밀크티 등이 뷔페로 준비되어 있다. 당연히 가격은 레스토랑 뷔페가 더 비싸다.

셋째, 공통 사항이라 비교할 조건은 아니지만, 입장료를 염두에 두어야 한다. 국립공원 입장료로 1인당 400바트 원화로는 14,000원 정도가 든다.

넷째, 다양한 여행사 중 어디를 선택할 것인가? 숙소 인근이나 끄라비 중심가 곳곳에 여행사 사무실이 있다. 숙소에서도 인터넷을 통해 섬 여행을 예약할 수 있다. 선택에 따라 가격과 조건이 각각 다르다. 주의할 점은 유통 단계가 하나 더 늘어날 때마다 가격이 올라간다는 점이다.

다섯째, 픽업 서비스를 제공하는가? 어떤 인터넷 사이트 여행사는 최저가라고 주장한다. 하지만 자세히 살펴보면 픽업 서비스를 제공하지 않아 몇 푼 아끼려다가 문제가 생길 가능성이 있다. 어떤 곳은 일단 아오낭 비치까지 오면 픽업해 주겠다고 한다. 숙소에서 아오낭 비치까지는 차로 15분 걸리는데, 택시 비로는 왕복 700~1,000바트가 든다. 비용이 좀 들지만 가장 편한 선택은 당연히 콘도까지 여행객을 픽업하는 서비스를 이용하는 것이다.

여섯째, 총액을 비교해서 가성비를 따져 보아야 한다. 보트, 식사 장소, 입장료, 픽업 여부를 선택한 후에는 총액을 비교해서 살펴보아야 한다. 경우의 수를 한참 분석한 후, 사총사는 현지인이 아는 할인 방법이 있지 않겠느냐는 아이디어를 냈다. 파사이에게 물어보았더니 과연 효과가 있었다. 파사이가 알아보니 타 여행사보다 900바트 원화로는 32,000원 정도를 할인 받을 수 있는 하루 관광 상품이 있었다.

요즘은 "이불 밖은 위험해!"라는 말을 즐겨 쓴다. 편안하고 익숙한 집을 떠나는 순간 모든 것이 위험하다. 아니 최소한 불편하다. 익숙하지 않은 조건에 맞닥뜨리면서 끊임없이 조사하고, 살펴보고, 따져 보고, 판단하고, 선택하고, 행동하고, 협상해야 하기 때문이다. 그런데 섬 여행을 준비하는 과정을 곰곰이 지켜보며 아이들의 의사 결정 체계가 높은 수준으로 완성되어 있다는 사실에 새삼 놀랐다.

깍깍거리는 동심을 유지하면서도 이렇게 성숙할 수 있는 이유는 무엇일까? 어릴 때부터 이 아이들을 지켜보아 왔던 입장에서, 수 년 넘게 진행된 어울림 토론 덕분이라는 생각이 들었다. 토론을 통해 서로 다른 생각의 충돌을 끊임없이 경험하고, 조율하고, 서로 질문하고 답하며 문제를 해결해 가는 연습과 훈련을 매주 반복한 아이들이기 때문이다.

토론은 보고, 듣고, 말하고, 읽고, 쓰는 종합적 사고력을 동시에 훈련해 준다. 토론은 일상에서 삶의 다양한 문제를 해결하는 능력을 향상하는 한편, 여행은 낯선 곳에서 낯선 언어로 끊임없이 성장할 수 있는 원동력을 제공해 준다. 한번 아이들에게 좋은 그릇이 만들어지게 되면 어떤 환경에 놓이게 되더라도 그 환경이 좋든 나쁘든, 친숙하든 낯설든 나름의 양분과 재미를 만들어 간다.

파사이의 소개로 끄라비의 태국 국제학교를 탐방 중인 아이들.

아름다운 끄라비 4섬 중 한 곳.

여행은 익숙한 것을 떠나 불편함에 길드는 과정

3년 전 홍콩에서 두 아이와 12일을 머물다 온 적이 있다. 홍콩 여행을 마무리하던 날 페이스북에 남긴 글이 새삼 떠올라 다시 찾아 읽어 보았다.

여행은 익숙함을 떠나 불편함에 길드는 과정이다.

마침 끄라비에 머무는 마지막 날이었으니, 여행지에서의 마지막 날 품는 아련함이 그때와 공명을 일으킨 것일까? 여행은 익숙한 것을 떠나 끊임없이 다름을 받아들이는 것임을 몸이 깨달아 간다. 다른 건 틀린 것이 아님을 몸이 기억해야 한다고 여행은 끊임없이 내게 속삭이고 있었다.

2016년 봄 칭따오 여행 때는 친구들이 옆에 있어도 긴장되는 것을 피할 수 없었다던 예선이가 이번 여행은 매우 편안했다고 속삭인다. 칭따오 당시 예선이는 현지 음식과 궁합이 잘 맞았지만, 현지 음식을 먹은 다음 날 상진이와 나는 심하게 고생을 했다. 그 후 현지 음식보다는 익숙한 음식들만 선별해서 선택하게 되었다. 그때부터 익숙하지 않은 것들을 몸으로 거부하는 나에 대해 깨달았다.

그런 덕분인지 2016년 여름 양양에서 한 달살이를 할 때는 온갖 낯섦을 행복으로 바꾸게 되었다. 세탁기가 없으면 손빨래를 배웠다. 처음에는 힘들었지만, 손세탁한 옷들을 개는 느낌은 평소의 그것과 사뭇 달랐다.

2017년 홍콩에서 머물 때는 양변기 뚜껑이 없어도 살았고, 3

층 계단을 엘리베이터 없이도 여행 가방 두 개를 번쩍 들고 오르내릴 수 있는 아이들이 되었다. 비누가 없이도 살아 보고, 화장지가 없는 집에서도 살아 보고, 정수기가 없는 집에서도 살아 보고, 전자레인지 없이도 냄비 2개면 아침을 문제없이 해결할 수 있게 되었다.

홍콩에 머무는 동안에는 영어와 광둥어를 잘하지 못해도 몸짓 언어로 들이대면서 잘살아 냈다.

"Where is the toilet?"

한 문장이면 사는 데 큰 문제가 없었다. 아, 상진이는 "우 까이 워 지양 야워 지단 자이"(唔該 我想要雞蛋仔, 실례하지만 계란빵 주세요)도 포함해야겠다.

3천 원 계란빵 하나로 하루의 행복이 보장되는 시간이었다. 온갖 불편함에도 아이들은 한국에 가고 싶지 않다고 했다. 홍콩의 맛있는 딤섬과 스시가 그리울 거라나 뭐라나.

그렇게 한국에 돌아오자, 우리가 누리는 삶의 환경은 지구상의 최상위권이라는 것을 새삼 깨달았다. 집에는 모든 살림 도구가 있고, 욕실에는 샤워 공간이 있고, 매일 생수를 사 먹지 않아도 된다. 그리고 따스한 익숙함이 머물고 있다. 낯섦을 견디어 내지 않았더라면 익숙함의 따스함을 느끼지 못하고, 그저 따분함이라 여겼을지도 모른다.

여행은 익숙한 것의 가치를 느끼기 위해, 익숙한 것과 결별하는 것이다. 불편함은 우리가 누리는 편안함을 더욱 가치 있게 만든다. 그렇게 몸이 기억하고, 몸이 기억한 여행만이 삶에 오롯이 남아 있는 것이다.

처음에는 불편하고 낯설기만 했던 끄라비인데 익숙해질 만

하니까 작별해야 하는 날이 되었다. 짐을 챙기고 세 번째 도시를 만날 준비를 한다. 여행은 익숙함과의 결별이며 또 다른 불편함에 익숙해지기 위해 떠나는 것이지만, 파사이와의 작별은 정말 가슴이 시리다. 파사이와의 그리움을 끄라비에 남긴 채, 우리는 마음의 눈물로 작별하고 떠나야 했다.

끄라비 4섬 중 한 곳에서 피구하며 자유를 누리는 상진이.

바다만 바라봐도 마음에 담은 모든 걱정이 한번에 사라진다.

끄라비의 한 섬에서.

물고기가 헤엄치는 맑은 바다에서 우정을 나누는 아이들.

[태국 치앙마이] 요리 교실 체험

생각을 확장하며 성장으로

팀원 손지운 이도현 이상진 이예선 (총 4명)

일정 2019년 1월 17~22일 (5박 6일)

첫째 날 올드타운 걷기, 한식당 한식 먹기
둘째 날 님해난민 카페촌 디저트 맛보기,
　　　　야간 사파리 투어
셋째 날 아트 인 파라다이스(Art in Paradise) 관람,
　　　　일요 시장, 타이 마사지
넷째 날 요리 교실 체험, 유기농 농장 시장 투어
다섯째 날 골든 트라이앵글, 카렌족 소수 마을

특징 치앙마이는 신도시 분위기를 풍기는 도시이며, 체험거리와 볼거리가 풍성하고, 브런치 카페가 많아서 여유를 느낄 수 있다. 사총사는 님만해민 카페 거리에서 디저트 나들이를 한 것이 가장 좋았다고 한다.

자기 주도 능력 vs 자기 제어 능력

　유심 사용이 익숙하지 않아서였는지, 끄라비를 떠나기 하루 전에 유심 데이터가 다 떨어졌다. 공항에 도착한 우린 카톡도 전화도 문자도 모두 사용할 수 없는 상태가 되어 버렸다. 에어아시아나 항공 비행기는 저가라는 유익이 있긴 하지만, 연착이 매우 잦은 단점이 있다. 오늘도 도착 시각이 한 시간 늦어졌다. 사총사는 짐을 맡긴 뒤 어디론가 사라지더니, 1시간이 지나서야 돌아왔다.

　조그마한 시골 공항에서 가 봤자 어디로 가겠느냐만, 연락이 안 되는 상태에서 1시간 동안이나 보이질 않으니 불안감이 커졌다. 돌아다니며 찾을까도 했지만 일단 침착하게 기다리기로 했다. 아이들이 돌아와도 주저리주저리 잔소리하지 않기로 마음을 먹었다. 연락을 못 해서 문제가 되는 것은 지도 교사의 입장이고, 아이들이야 평소대로 구석구석 쏘다닐 뿐이니 그걸 나무라서 어쩌랴 싶어서였다. 물론 이럴 때 타인의 입장을 헤아리도록, 그 부분을 보완하는 훈련을 도착 후에 해야겠다고 다짐하고 있었지만. 몇 시에 도착하든 상관없다. 그 순간을 놓치지 않는 것이 중요하다.

　연착된 비행기는 탑승 게이트도 바뀌어, 세 번째 도시 치앙마이에 도착한 것은 밤 10시 30분이 지나서였다. 공항 안의 여행사에 물으니 K를 알고 있단다. 이름표 든 직원을 찾으라고 했지만 여기저기 아무리 살펴도 보이지 않는다.

　평소 훈련대로 빠르게 안내대를 찾은 사총사. 영어로 한참 대화하더니 방송이 흘러나왔다.

"공항 안에 K 직원이 계신다면 안내대로 와 주세요."

그러고도 모자라서 출구 앞에 서 있는 사람들에게 가서 외쳐 댄다.

"Excuse me, We're looking for K."

훈련시킨 입장에서 보아도, 저 정도의 능동성과 행동력은 꽤 칭찬받을 만한 것이다. 다른 아이들이라면 어떻게 해 주겠거니 하고, 뭐라고 시킬 때까지 멍하게 기다리고 있었으리라.

안내대를 찾아가 방송을 부탁해 k직원을 찾은 총명한 아이들

어디선가 안내대를 향해 한 여인이 다가온다. 우리를 1시간 이나 기다린 K 직원이다. 친절한 그녀는 방콕에서 만난 직원 과 달리 직접 유심을 끼워 주고 연결이 되었는지 확인해 준다.

방콕에서는 유심을 5개 구매했던 아이들이 이번에는 4개만 구매한다. 이유를 물으니 한 친구가 유심을 사용해서 게임을 하던 모습이 종종 눈에 띄었단다. 그래서 그 친구는 유심을 구 매하지 않기로 했단다.

스포츠카가 빨리 달리기 위해서 가장 중요한 능력이 무엇인 가? 고출력 엔진이나 공기역학적 디자인을 떠올릴 수 있으나 아니다. 한 번 타고 말 것이 아니라면 브레이크와 방향 제어 능 력이 가장 중요하다. 빨리 달리기 위해서 자기 제어 능력이 중요하다는 것은 능동성만 강조하기 쉬운 오늘날의 교육 흐름에 중요한 단서를 제공해 준다.

오늘 우리 아이들은 자기 주도성에 더해서 자기제어능력을 갖추고 있음을 보여 주었다. 오랜 훈련의 결과이겠지만, 어쨌거나 이 정도면 꽤 탁월한 아이들이다. 그 보상으로 아까 예정해 놓았던 보충 훈련은 일정 기간 보류하고 일찍 자도록 한다. 피곤한 일정에 눕자마자 요란하게 코를 고는 아이들. 그들은 오늘 밤에 어떤 계획이 오갔는지 전혀 모를 것이다.

질문 한 방으로 모든 걸 해결하기

치앙마이에서 13일이 지나던 날 예선이가 남긴 체험 활동 보고서에는 '질문의 힘'에 대한 통찰이 담겨 있었다.

말 안 통하는 외국에서 여행하면 가장 많이 달라지는 것은 아마도 자존감인 것 같다. 예정했던 시간에 목적지에 도착해서 여행을 하려면 최대한 신속하게 이동해야 한다. 그러다 보니 정말 길 가던 행인 아무나 붙잡고, 생각나는 단어를 마구 뱉으며 물어보았다. 한국에서는 못하던 행동이었다. 사실 모르는 사람에게 물어보는 것이 생각보다 쉬운 일이 아니다. 그렇지만 태국에서 산 지 2주가 되는 시점에서 '질문으로 문제를 해결하기'는 쉬운 일이 되었다.

비행기 타기 하루 전 아빠가 건넸던 말이 기억에 남는다. "너희 비행기 내리면 당장 공항에서 호텔 어떻게 갈래?" 그때는 뭐라고 대답할지 몰랐는데 지금은 행동으로 보여 줄 수 있다. 끄라비에서 비행기가 1시간 연착했다. 지금까지 예정대로 진행되어 왔기 때문에 연착될 가능성은 생각지도 못한 일이다. 그래서 그런지 도착하고 나니 K 직원이 보이지 않았다.

잠깐 당황했지만 정신을 차려서, 공항 직원으로 보이는 사람에게 물으니 안내대에 가서 방송하라고 한다. 1시간 연착으로 인해 헤맬 줄 알았지만, 용기 내서 물어본 한마디로 10분도 안 헤매고 안전하게 예약된 숙소로 올 수 있었다. 태국에서, 아니 전 세계 어디에서도 질문만 잘하면 잘 살 수 있을 것 같다.

치앙마이에서 정직이란 두 얼굴

태국의 수도 방콕이 중심 도시라면 끄라비는 시골인데, 치앙마이는 신도시에 해당한다. 치앙마이에는 올드타운이라는 옛 시가지와, 님만해민이라는 신시가지가 공존한다. 치앙마이에서의 첫날, 사총사는 장을 보고 지쳤다며 가까운 곳에서 아침을 먹자고 한다.

스시 레스토랑인 줄 알고 방문한 곳은 1인당 400바트의 샤브샤브 식당이었다. 예전 같으면 값이야 얼마든 먹는 것이 우선이었을 텐데, 오늘의 아이들은 스스로 문을 나서더니 쇼핑몰로 향한다. 이유를 물었다.

"여기서 먹으면 오늘 예산의 반을 써야 해요. 여긴 무리예요."

"아니 얘들아, 그래도 푸드코트는 지나치게 현실적인 거 아니니."

쇼핑몰 내에 위치한 푸드코트에 도달하긴 했는데, 수군수군하더니 역시 또 다른 데를 찾아 나선다.

"그래도 치앙마이 첫 식사인데 맛있는 거 먹고 싶어서요."

성숙한 현실성과 천진한 낭만이 섞인 지금의 균형이 오히려 좋은 상태로 보인다. 다시 30분을 걸어 어느 브런치 카페에 들어갔다.

"아, 여긴 치앙마이 물가에 비해선 좀 비싸요. 아까 오다가 봐 놓은 카페가 더 나을 거 같아요. 우리 그리로 가요."

"아니 얘들아, 저기 그게 그러니까 말이지, 이제 좀 배가 고파서 지치려고 하는데 말이야."

아이들이 두 번이나 식당을 그냥 나온 이유는 가성비를 고려했기 때문이다. 처음부터 자기 예산을 봉투로 받고 매일 남은 날짜만큼 계산해서 예산을 써 온 아이들이다. 체험하고 싶은 것이 많았기 때문에 미리 아끼지 않아서 예산이 초과하면 고스란히 부모님의 부담으로 이어진다는 것을 몸으로 깨닫고 있었다.

결국 한국 식당의 김치찌개로 메뉴를 정했다. 현지의 교통수단인 툭툭의 가격을 물어보니 인근 10분 거리에 200바트라고 한다. 교통비를 합치면 예전 두 식당보다 나을 것이 없건만, 어쨌거나 더 나은 선택을 하려는 노력을 높이 사기로 한다.

다음 날 님만해민을 가기 위해 다시 툭툭을 이용했다. 이번에는 150바트를 부른다. 그런데 일요 시장(Sunday Market)을 가기 위해 썽테우를 타자 1인 기준 요금이 30바트라고 한다. 알고 보니 툭툭이나 썽테우나 10분 거리는 대략 1인당 30바트인데, 어제는 무려 200바트를 받은 것이니 결국 바가지 쓴 것을 알게 되었다. 값비싼 김치찌개가 되고 만 셈이다.

일요 시장을 산책하며 한국 아줌마들이 좋아한다는 코끼리 바지를 하나 구매했다. 시장을 둘러보니 코끼리 바지 평균가는 100바트다. 그런데 내가 사려는 디자인은 160바트라고 한다. 치앙마이에서는 같은 물건에 상인마다 부르는 값이 다르다.

이곳에서 정직이란 무엇일까를 잠시 고민해 본다. 물건 값을 정해서 가격표를 붙여 두고 파는 상인이 있는가 하면, 가격표 없이 부르는 가격이 곧 그날 가격이 되는 매장이 있다. 5바트짜리 아이스크림도 가격표를 붙여 두고 파는 상인이 있는가 하면, 200바트를 내고 이용하는 툭툭은 탈 때마다 가격을 협상해야 한다. 가격 흥정이 즐겁다고 여길 수도 있지만, 한국에서도 영세 상인에게는 굳이 흥정하지 않던 나로서는 매번 바가지를 썼다는 느낌을 받게 된다. 따지지 않으면 바보가 되는 세상. 값을 물을 때마다 눈을 굴리는 상인들. 화려한 도시가 품을 수밖에 없는 속성일까?

시골 도시 *끄라비*에서 우리는 늘 넘치는 정에 행복했다. 치앙마이로 오고 나서도 자신의 옷 한 벌이 없어진 것도 모르던 아이들에게, 파사이가 *끄라비* 콘도 옷장에 두고 온 아이들의 옷을 치앙마이 숙소로 보내 주었다. 우리는 한사코 괜찮다고 했지만 파사이는 택배로 치앙마이까지 발송해 주었다.

치앙마이는 예쁜 카페가 많기로 소문이 나서 최근 더 유명해졌지만, *끄라비*에 파사이의 그리움을 두고 온 덕분인지 신도시 치앙마이는 시골 *끄라비*보다 정이 덜 가는 곳이었다. 적어도 우리에게는 말이다. BGA 두뇌 교육 교재에는 이런 글이 담겨 있다.

정직한 사람이 때론 바보 같아 보일 때가 있다. 그러나 그것은 잠깐 뿐이다. 사람들은 그가 정직하다는 것을 알면 곧 그를 믿고 따른다. 정직하지 못한 사람이 똑똑해 보일 때가 있다. 그러나 그것은 잠깐뿐이다. 사람들은 그가 정직하지 않다는 것을 알게 되면 곧 그를 무시하고 멀리하게 된다.

치앙마이 요리 교실 체험

  예선이는 90세의 외할머니와 함께 살고 있는데, 긴 여행으로 떨어져 지내면서 적적해 하실까 봐 걱정이 이만저만이 아니다. 그러던 차에 이모들이 찾아와서 감자탕도 해 드리고 동태탕도 끓여 드렸다는 소식을 전해 들었다.

  "이모. 이번 여행에는 저희가 밥을 다 해 먹어요. 제가 집에 돌아가면 밥 해 드릴게요. 할머니가 혼자 계셔서 걱정했는데 이모가 챙겨 주시니까 정말 다행이에요."

  "이모, 지난 1년 동안 때때로 공부하기 힘들다고 보내 주신 맛있는 식사에 정말 감사해요. 이제 제가 밥을 해 드릴 차례가 된 것 같아요. 제가 볶음밥이랑 팟타이 배워서 밥 한 끼 근사하게 차려 드릴게요."

  예능 PD가 되고 싶다는 예선이는 이번 여행에서 전체 기획과 운영을 총괄하고 있다. 이번에는 외할머니와 이모들을 대접하기 위해 직접 태국의 요리 교실을 예약했다. 치앙마이에는 요리 교실이 많아서 신청하면 호텔까지 픽업 서비스를 제공한다. 먼저 현지 시장을 다니면서 그곳에서 태국 쌀과 팟타이 면, 그리고 각종 소스와 카레에 대해 쉐프가 직접 설명해 준다.

  그 후에는 요리 교실이 열리는 농장을 찾아간다. 유기농으로 재배한 야채를 냄새도 맡아 보고 잎도 따 보면서 직접 선별한 후에, 위생적인 닭장에서 방금 나온 달걀을 가지고 요리를 시작한다.

  우리가 만난 쉐프는 아담한 키에 유머 있는 레이첼이었다. 유창한 영어를 하기에 어디에서 배웠는지 물어보니 태국 국제

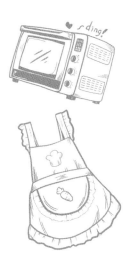

학교에 다니다가 고등학교 때 1년을 미국에서 공부했다고 한
다. 자신도 영화 보면서 발음을 연습했다며, 태국도 국제학교
를 제외하고는 문법 위주의 영어를 배우는 것은 한국과 마찬가
지라고 한다.

코코넛 크림 수프, 카레, 팟타이 3가지 요리를 만드는 수업
시간은 모두 영어로 진행된다. 소규모의 인원으로 운영하며 쉐
프가 세심하게 돌봐주는 것이 인상적이었다. 솔직히 코코넛 수
프와 태국 카레는 우리 입맛에 맞지 않았지만, 팟타이는 모두
맛있게 먹었다. 한 친구의 요리가 너무 짜게 만들어져서 레이
첼이 즉석에서 팟타이 한 접시를 만들어 주었다.

팟타이를 먹으면서 내다보는 정원 풍경이 그림 같았다. 어제
저녁을 먹은 일요 시장은 북적거리는 인파 속에 서서 값싼 요
리를 먹는 활기가 넘쳤는데, 오늘은 전원적인 풍경에서 요리하
고, 쉐프와 여유롭게 담소를 나누면서 반나절을 보낼 수 있었
다. 첫인상과 전혀 다른 매력을 발견하면 그 대상에게 급격한
호감을 느끼게 된다고 한다. 처음에는 낯설고 야박해 보였던
치앙마이도, 군데군데 숨겨진 매력 포인트를 알게 되면서 어느
새 친근한 곳으로 변해 가고 있었다.

치앙마이 요리 교실에서 팟타이 만드는 삼총사.

엄마의 센서

지운이가 발목을 다쳤다. 아이도 그랬겠지만, 나도 놀랐다. 그런데 지운이는 이 일로 엄마를 새롭게 만났다.

오늘 숙소까지 뛰다가 넘어져서 발목을 삐었다. 어렸을 때부터 자주 다치는 발목이라 조금만 삐끗해도 많이 붓는데, 이번엔 정말 제대로 꺾여 버렸다. 조심조심 들어와서 얼음찜질하려는 참인데 엄마한테 전화가 왔다. 최근 엄마랑 사이가 안 좋아서 전화를 잘 걸지 않았는데, 엄마가 먼저 전화를 걸어 주셔서 내심 고마웠다. 엄마가 먼저 여행 잘하고 있냐고, 별문제 없냐고 물어봐 주셨다.

사실 힘든 일도 많이 없었고 딱히 엄마 생각도 안 났는데, 막상 이런 순간에 엄마 목소리가 들리니까 눈물부터 났다. 엄마가 정말 보고 싶었다. 아픈 데는 없냐고 물어서 발목 살짝 삐끗했다고 했더니, 항상 엄마가 해 주었던 대로 압박 붕대부터 하라고 하셨다. 한국에서 나누던 대화보다 오히려 더 많이 수다를 떨었던 거 같다.

집에서 엄마 일터 이야기도 다 들어드리고 위로도 해 드려야 하는데, 그렇게 못해서 정말 미안하다. 엄마가 온종일 잔소리하고 화내도 좋으니까 엄마 얼굴 딱 한 번만이라도 보고 싶다.

태국에 있는 지운이에게 문제가 생기는 순간 한국에 있는 엄마의 센서가 작동했다. 엄마 안에 아이가 있고, 아이 안에 엄마가 있다. 다 큰 중학생이고 여행 중에 스스로 다 알아서 하는 아이들인데, 여행 2주가 지난 지금 엄마가 정말 보고 싶다고 한다.

하긴 나도 체력이 달려서 은근히 힘들던 참이다.

"그럼 지금 우리 귀국할까?"

이렇게 말하며 살짝 떠봤더니 고개를 가로젓는다.

"아니에요. 아니에요. 선생님, 한국 돌아가면 바로 공부해야 해요. 아, 우리도 국제학교 다니고 싶어요."

반목에 압박 붕대를 감았지만 아이는 잘 지냈다. 그동안 돌아다닌 모양을 봐서는 좀이 쑤실 만도 한데, 스스로 컨디션을 조절하면서 쉴 때와 나갈 때를 구분했다. 어렸을 때부터 많이 활동해 본 아이는 커서도 자유롭게 다니지만, 반대로 집에만 있던 아이는 커서도 집에만 있으려고 한다. 한쪽에 치우치기보다 때에 따라 두 가지를 조절하는 능력이 중요한데, 기특하게도 발목 때문에 쉬는 동안 《청소년 손자병법》과 진로에 관한 500쪽 분량의 책 2권을 다 읽고, 독후감을 쓰고 학습도 하면서 주어진 일상을 성실히 보냈다. 하긴 가끔 툴툴대기도 했다.

"소장님은 쉴 때도 책 보면서 쉬래요. 정말 '어휴'예요."

치앙마이 피시방에서 노예 각서를

치앙마이 신시가지에서 디저트 카페 나들이 매력에 빠진 삼총사. 지운이가 발목 부상으로 숙소에서 쉬는 동안 삼총사가 님만해민 카페촌을 요기조기 찾아 미식 여행을 한다. 그러다 한곳에 동시에 시선이 머물렀다. 그곳은 바로 한국의 중고생들이 스트레스 풀려고 찾아가는 피시방.

"피시방에서 딱 1시간만 놀게 해 주세요. 제가 언제 치앙마이 피시방에 와 보겠어요."

"그럼 너도 뭔가 하나를 약속하면 좋겠어."

"만일 네가 오늘 할 일을 다 안 하면 넌 나의 노예가 된다는 각서를 쓸래?"

"뭐. 노예 각서를…."

당연히 말도 안 되는 소리라고 거절할 줄 알았는데 아뿔사 상진이가 각서를 쓴다. 그렇게 피시방이 궁금하다는 거지…. 딱 1시간이라고 못을 박았는데 이 틈을 타서 남은 두 친구도 함께 이용하겠단다. 그 작은 피시방 공간에 사람은 꽉 찼고 담배 연기는 자욱하고, 컴퓨터 자판은 영문인데 어떻게 이용하겠다는 걸까? 가만히 생각해 보면 홍콩의 국립 도서관에서도 컴퓨터 앞에 앉아 딴짓을 하며 한국의 '썰전' 프로를 보고, 유튜브로 자전거 경기 영상을 보던 아이들이 뭔들 못하겠나.

그리고 잠시 시간이 흐른 후 역시나 삼총사는 영문 자판을 네이버에서 한글 자판으로 바꾸는 작업을 마친 후 마음껏 컴퓨터 자판을 두드린다. 못하는 게 없구나. 이 낯선 태국 치앙마이에서 별 걸 다 하고 논다.

1시간 피시방에서 놀려고 누나에게 노예 각서를 쓴 철부지.

[말레이시아 쿠알라룸푸르] 쿠폰 택시 경험

선택을 경험하며 성장으로

팀원 손지운 이도현 이상진 이예선 (총 4명)

일정 2019년 1월 23~25일 (2박3일)

첫째 날 쿠폰 택시 이용, 〈아쿠아맨〉 영화 관람, 쇼핑몰 나들이
둘째 날 쌍둥이 빌딩 나들이, 인피니티 수영장
셋째 날 조호르바루 이동과 숙소 찾기

특징 말레이시아 쿠알라룸푸르에는 한국에는 없는 쿠폰택시가 있다. 쿠폰택시는 택시를 탈 때 비용을 1인 요금으로 계산해서 내는 개념이다. 쿠폰택시를 이용하면서 그랩과 한국의 카카오 택시와의 차이를 비교해 볼 수 있다. 쿠알라룸푸르의 숙소는 쌍둥이 빌딩을 걸어갈 수 있는 중심가에 위치해 있다. 숙소 안에 51층에는 인피니트 수영장이 있고, 수영장 안에서 쌍둥이 빌딩의 야경을 바라보는 것은 특별한 일상으로 기억될 수 있다.

쿠폰 택시 경험을 성장으로 이끌다

우리가 떠나온 태국에서는 주된 교통수단이 쌍테우, 툭툭, 퍼블릭 택시, 그랩 등이었다. 쌍테우는 치앙마이에서 15분 거리를 1인 30바트 기준 요금으로 운행하고, 거리가 멀수록 요금이 늘어난다. 툭툭은 내릴 때 천장을 툭툭 치면 내릴 수 있어서 그렇게 불리는데, 정가 요금이 없다. 퍼블릭 택시는 미터로 가는 택시도 있고, 부르는 것이 값인 택시도 있다. 그랩은 앱이 승객 근처에 있는 택시를 지정하고 요금을 정해 주는 대신 수수료가 붙는다. 우리나라도 차츰 다양해지고 있는 교통수단이 태국에서는 이미 이렇게 다양하다.

한편 말레이시아로 여행지를 옮기니 여기는 쿠폰 택시라는 새로운 개념의 택시가 있다. 공항에서 목적지에 해당하는 1인 비용을 내고 쿠폰 영수증을 받아서 기사에게 건네주면 된다. 택시를 탈 때 비용을 1인 요금으로 계산해서 내는 개념은 한국에는 없는 개념이다.

"어떻게 택시 한 대를 1인 비용으로 부르니 말도 안 된다."

한국에 돌아와서 말레이시아 쿠폰 택시를 소개하니 동료샘이 이해할 수 없단다.

태국과 말레이시아에서는 우버보다는 주로 그랩을 이용한다. 말레이시아로 오기 전에 하루 머문 싱가포르에서 만난 택시 기사는, 말레이시아 그랩이 위험하다고 거듭 강조했다. 자기 나라에 대한 자부심처럼 들리기도 했지만, 막상 그런 말을 들으니 걱정이 앞섰던 것도 사실이다. 사총사에게 일반 택시를 잡자고 하니 이런 대답을 했다.

"선생님, 그건 그분 생각인 거 같아요. 저희가 조사해 보니까 말레이시아 그랩도 안전해요. 걱정하지 마세요."

"맞아요. 그랩은 기사 정보나 연락처 등 정보가 다 공유돼요. 오히려 일반 택시가 기사 정보가 없어요. 그래서 일반 택시가 그랩보다 더 위험하다고 해요."

누구 말이 옳은 걸까? 어쨌거나 공통적인 의견은 말레이시아 택시가 더 위험성이 높다는 것이다. 그러나 정작 우리가 현지에 머무는 동안엔 아무 일도 없었다.

방콕 자전거 여행의 안내인처럼 모든 여행의 제1순위는 안전성이다. 그러나 안전성에 치우치면 경제적으로 부담이 클 뿐 아니라, 여행의 목적 자체를 잃어버릴 수도 있다. 다양한 것을 경험하지 못하거나 모든 팀이 성장할 기회를 놓치게 되는 것이다. 위험성이라는 것은 상대적인 통계이다.

어떤 곳이 절대적으로 위험하다거나 안전한 곳은 없다. 한국이 치안이 좋기로 유명하지만 그렇다고 해서 모든 한국 택시가 안전하다고 할 수 있을까?

아이들은 어른이 되어 가면서 다양한 경험과 선택을 하게 된다. 매 상황마다 우선순위를 정해서 결정하고 실행해야 한다. 때론 경제성이 우선일 수도 있고, 어떤 때는 아닐 수도 있다. 그때는 정답이었던 것이 이번에는 아닐 수도 있다.

'그때는 맞고, 지금은 틀리다'라는 개념이 한국의 교육 방식에서 자란 아이들에게는 좀처럼 이해하기 어려운 것이다. 한국 교육의 일부 모습은 중·고등학교, 아니 심지어 대학에서도 배운 내용을 그대로 달달 외워서 쓰면 고득점을 맞는 메커니즘으로 이루어져 있다. 보편적인 지식의 습득을 우선시할 때 독창적인 생각으로는 오히려 손해를 본다. 그런데 사회에 나가면 자신만의 독창적인 생각을 계발하라고 요구받는다.

기술의 발달로 시시각각 상황이 급변하는 사회이다. 자신이 처한 상황을 재빨리 파악하고 각각에 맞는 법칙에 순응하는 능력은, 어릴 때부터 장기적인 관점으로 육성해야 할 가장 중요한 가치이다.

쿠알라룸푸르의 51층 인피니티 수영장

인피니트(Infinite)는 무한을 뜻한다. 인피니티 풀(Infinity Pool)은 시각적으로 경계가 없는 것같이 보이는 수영장을 일컫는 말이다. 종종 하늘과 수영장의 물이 경계가 맞닿은 것처럼 보이는 곳을 말한다.

동남아 여행 중 말레이시아의 쿠알라룸푸르 숙소의 수영장이 인피니티 수영장이었다. 화려한 쿠알라룸푸르의 쌍둥이 빌딩 야경을 수영장 의자에 누워 바라보는 것만으로도 여행의 기쁨은 배가 되었다. 한국에서라면 이 정도 숙소에 머물려면 숙소 비용이 만만치 않겠지만, 말레이시아에서는 5명이 한국에서 저렴한 숙소를 예약하는 비용으로 머물러 볼 수 있다.

쌍둥이 빌딩이 바라보이는 51층 인피니티 수영장 앞에서 미소 짓는 아이들.

여행은 꼭 관광만을 의미하지 않는다. 한국에서 머물러 보지 못한 숙소에서 야경을 바라보는 것만으로도, 늦은 저녁 수영장에서 시간 가는 줄 모르고 밤새워 놀아 보는 것도 여행의 자유가 주는 힐링이다. 쿠알라룸푸르의 51층 인피니티 수영장에서 아이들은 수영장 문 닫을 시간까지 마음껏 물놀이를 즐겨 본다.

[말레이시아 조호르바루] 신나는 노래방

신나게 놀면서 성장으로

팀원 손지운 이도현 이상진 이예선 (총 4명)

일정 2019년 1월 25~29일 (4박 5일)

첫째 날 쿠폰 택시 이용, 쇼핑몰 나들이, 노래방
둘째 날 〈INSTANT〉 영화 관람
셋째 날 싱가포르 (기차 타고 싱가포르 1일 여행)
넷째 날 레고랜드(4D 어트랙션, 4D 영화)
다섯째 날 코타키나발루로 이동

특징 조호르바루는 신도시이다. 많은 싱가포르 여행자가
조호르바루에 머물면서 싱가포르로 건너간다. 영화
관람, 미용실 샴푸 체험, 쇼핑 등 소소한 즐거움을 주
는 쇼핑몰이 있다.

조흐르바르 노래방

말레이사의 수도 쿠알라룸푸르가 중심 도시라면, 조흐르바르는 신도시 개념이다. 태국의 치앙마이 도시가 주는 느낌과 조흐르바르의 분위기가 비슷하다. 아이들은 중심가 도시에서와 신도시 그리고 시골 도시에 머물 때마다 관광을 하거나 일정을 계획할 때 놀이 문화를 모두 다르게 운영한다. 치앙마이에서는 다양한 체험을 위주로 했다면, 조흐르바르에서는 쇼핑몰 안에서 놀거리를 찾는다.

우선 지금 한국은 겨울이지만 이곳 말레이시아는 더운 여름 날씨이기에, 아이들은 쇼핑몰 안에서 에어컨의 24시간 바람 앞에 머물고 있다. 이곳에서는 가장 먼저 한식당을 찾아 식사를 한 후 아이들이 상점을 둘러본다. 그리곤 두 가지 놀이 문화를 찾아낸다.

하나는 해외 현지에서 영화를 보는 것이다. 태국과 말레이시아를 비교했을 때 말레이시아 영화비가 더 저렴하단다. 그래서 말레이시아에 도착한 후 〈아쿠아맨〉과 〈INSTANAT〉 영화를 관람한다. 낯선 해외에서 현지어나 영어로 상영되는 영화를 볼 생각을 하다니 정말 창의적인 아이들이다.

영어로 상영되는 영화는 세밀한 대사는 놓치더라도 전체 내용은 다 파악하며 관람했고, 현지어로 상영되는 애니메이션은 만화가 주는 즐거움과 음향만으로도 즐거웠다고 한다.

그 후 두 번째 놀이에 노래방이 아이들 눈에 띄었다. 한국에 비하면 비싼 가격인데 내 팔을 잡고 애교를 한껏 부린다.

"선생님, 우리가 언제 말레이시아 노래방에 오겠어요. 언제

올지 모르니 노래방에서 놀게 해 주세요. 노래방이요. 노래방!"

한국에서도 요즘 청소년들의 놀이 문화로 코인 노래방이 인기를 끌고 있다. 어른에게는 1시간에 2만 원 정도의 대여비를 받지만, 학생들에게는 5천 원이라고 한다. 한국과 말레이시아 노래방은 어떤 차이가 있을까?

노래방에서 신나게 놀고 난 후 지운이가 다음과 같은 소감문을 작성해서 보여 준다.

우당탕탕 말레이시아 노래방 체험기

손지운

"언니, 언니. 저기 봐봐! 노래방이야!"

한국에서 자주 노래방에 가던 우리는 여행을 하면서 노래방을 한 번도 가지 못했다. 말레이시아 여행을 하던 도중 우리는 한 쇼핑몰에서 노래방을 찾게 되었고, 말레이시아 조호르바루에 머무는 동안 꼭 노래방을 가보자고 했다. 다음날 우리는 평소와 같이 느긋하게 아침을 먹고 숙소 앞에 있던 쇼핑몰로 향했다.

노래방에 가서 방을 잡으려고 하니 카운터에 있던 직원이 우리의 여권을 보여 달라고 했다. 노래방에 들어가지도 않았는데 벌써부터 문제가 생겨 버린 것이다! 바로 그때 영웅처럼 소장님은 소장님의 민트 색 가방에서 무언가를 주섬주섬 꺼내셨다. 바로 여권이었다!

우리는 안도하고 직원에게 여권을 보여 주고 방을 잡았다. 노래방 안에 들어가는 길에는 작은 샐러드 바가 있었는데 별도의 비용을 내어야 이용할 수 있었다. 방 안에 들어가자 직원이 음료수 메뉴판을 가져다주었다. 우리한테 음료를 시키게 하고 나중에 돈을 뜯어 낼까봐 여러 차례 확인하고 음료수를 시켰다. 음료수를 먹어 보니 콜라를 제외하고 정말 맛이 형편없었

다. 아이스티는 정말 텁텁했고 언니와 나의 초코라떼는 수돗물에 초코우유
를 타 논 느낌이었다.

맛없는 음료수를 받고 15분 동안은 노래를 부르지 못했다.

처음 보는 노래방 기계, 노래방 리모컨은 다루면 다룰수록 이상해졌고,
처음 보는 노래방 인테리어는 조폭 조직들이 담배 피면서 놀법한 인테리어
라는 느낌이 들었다. 아무리 생각해도 말레이시아 노래방의 첫인상은 매우
좋지 않았다.

결국 우리는 직원을 불러서 리모컨 조작법을 익히고 우리의 15분을 다시
채워 달라고 부탁했다. 직원은 서투른 영어였지만 차근차근 설명해 주었
다. 먼저 어느 나라의 곡을 부를지 선택하고 그다음에 노래방 기계에 있는
가수를 선택하는 것이었다.

거의 모든 가수를 타자를 쳐서 검색할 수 있는 우리나라와는 다르게 유
명한 몇몇 가수만 있었고, 그 가수들도 위아래 버튼을 이용해서만 선택해
야 해서 불편했다. 가수를 찾으면 노래 리스트가 나오고 노래를 선택하면
노래를 부를 수 있었다. 설명이 끝나자 직원은 우리의 사정을 이해해 주었
고 다시 시간을 충전해 주었다.

도현 오빠의 첫 곡은 신나는 랩 노래였는데, 그 곡을 듣고 나니 분위기도
풀리고, 무섭기만 했던 인테리어는 오히려 정감 있어 보이기까지 했다. 한국
에서 즐겨 듣던 유명한 가수나 그룹의 노래가 있어서 한국 노래도 부르고 자
주 듣던 팝송도 신나게 부르다 보니 시간이 어느새 휘리릭 흐르고 있었다.

작년 여름쯤 도현 오빠가 한번 노래방에 초대해서 네 명이 같이 노래방
을 가서 정말 재미있게 놀고 왔던 적이 있었다. 그런데 이제 먼 말레이시아
에서도 노래방을 가보니 정말 잊지 못할 추억이 생겨서 좋았고 행복했다.

이런 경험을 할 수 있게 해 주신 소장님과 근우샘, 엄마, 아빠께 무한 감
사를 드린다.

[말레이시아 코타키나발루] 전통에 담긴 지혜

상식을 넘어서며 성장으로

팀원　손지운 이도현 이상진 이예선 (총 4명)

일정　2019년 1월 30일~2월 6일 (7박 8일)

첫째 날 콘도 찾기, 콘도 수영장 이용
둘째 날 해산물 만찬, 탄중아루 일몰 감상
셋째 날 마리마리 민속촌, 가야 거리, 마사지, 사바이 대학 탐방
넷째 날 사피섬 관람
다섯째 날 반딧불이 관람, 나나문 일몰 감상
여섯째 날 키나발루, EDDY와 한식 만찬, 블루 모스크, 시티 전망대,
　　　　　탄중아루 일몰 감상, 가야 거리
일곱째 날 탄중아루 일몰 감상, 가야 거리

특징　코타키나발루는 말레이시아의 시골 도시이다. 일몰이 유명해서 많은 관광객이 찾는데, 우리 팀은 탄중아루보다 나나문의 일몰을 더 매력적이라고 느꼈다. 이유는 나나문 해변이 더 한가롭고 일몰이 파노라마처럼 펼쳐져서 사진마다 작품이 되었기 때문이다.
또 그랩을 이용하다 만난 운전기사 에디(Aedy)가 코타키나발루에서 친구가 되어 주었다. 에디는 66세의 할아버지 기사인데, 가족처럼 친절하고 다정했다. 입장료, 체험비 등을 정할 때도 정해진 가격이 아닌 우리가 희망하는 비용으로 조율해 주었다. 한식당에서 불고기 비빔밥을 맛본 에디는 만족스러워했고, 우리가 홍콩으로 출발하던 이른 새벽 4시에 공항으로 우리를 안내해 주었다.
코타키나발루의 쇼핑몰 매장에는 대형 한국 마트가 있다. 모든 종류의 한식이 갖추어져 있어서 장을 보고 숙소에서 요리를 하는 즐거움을 느끼는 데 큰 불편이 없다.

코타키나발루 민속촌 마리마리

　말레이시아 코타키나발루 사바주에는 마리마리라는 민속촌이 있다. '마리마리'는 '오세요. 오세요'라는 뜻이다. 이곳에서는 원주민 다섯 부족의 생활 모습을 볼 수 있다. 관광은 영어와 중국어 가이드만 있어서 한국인으로서는 제대로 된 설명을 듣거나 이해하기 어려웠다. 관람이 마무리되어 가는 시점에 우리는 문득 한 가지 아이디어를 떠올렸다. 바로 관광 중 모든 영어 설명을 한국어로 번역해서 현지 여행사에 전달해 주는 것이다. 여행사 입장에서는 한국인 관광객에게 차별적인 서비스를 제공할 기회인 셈이다. 또 앞으로 이곳을 찾을 한국인들은 조금 더 깊이 말레이시아 원주민 문화를 가까이할 수 있을 것이다.

　연예인 송혜교도 외국 박물관에 한국어 서비스가 미비하면, 그때마다 사비를 들여 한국어 안내서를 제작한다고 한다. 아마 우리가 느꼈던 마음을 그녀도 느낀 것이리라. 그렇게 세상은 한 사람의 작은 마음, 작은 배려로 조금씩 바뀌어 간다. 작은 일 하나가 어떤 큰일을 이루어 낼지 모르지 않는가. 그러니 작은 배려를 쉬지 말고 멈추지 말자. 나비효과를 기억하면서 말이다.

　말레이시아 마리마리 민속촌에서 만난 두순족, 룽구스족, 룬다이족 세 부족의 생활 모습은 매우 흥미로웠다.

　두순족은 '리힝'이라는 쌀 술이 유명하다. 쌀을 하루 동안 불리고 빻아서 술을 담근다. 이렇게 만들어진 토바코에 이스트 설탕을 넣은 다음 면포에 싸서 단지에 넣고 바나나 잎으로 덮는다. 서늘한 곳에서 한두 달 숙성하면 술이 완성된다. 리힝을 마실 때는 '아라마이 띠!'라고 외치면서 건배를 한다. 이 작업에 사용되는 도구가 앞으로 무인도 여행에 유용할 거 같아 눈여겨 봐 두었다. 쌀의 겉껍질을 벗길 때 사용하는 돠를 빼 드스매시, 쌀을 저장하는 큰 쌀독을 땅콥이라 부른다. 쌀을 훔치는 도둑을 잡으면 땅콥 위에 머리를 매달아 둔다고 한다. 집 밖에는 천연전자레인지인 덤브가 있다. 3층으로 이루어져 있는데 1층에는 불을 놓고, 2층에는 음식을 두고, 3층에는 젖은 장작들을 올려놓는다.

룽구스족은 기다란 집에 산다. 이 집에서 무려 100명 정도가 생활하는데, 신혼부부가 생기면 옆에 건물을 이어 짓는다. 그래서 집이 계속 길어진다고 한다. 남자들은 밖에서 자고 미혼 여성이나 할아버지, 할머니만 집 안에서 잔다. 룽구스족 현지인이 전통적으로 불을 피우는 모습을 재현해 주었다. 대나무를 먼저 반으로 자른다. 지그재그 모양으로 뒷면에 모양을 내고, 앞면에는 뾰족하게 일자로 홈을 판다. 그런 다음 대나무 바닥에 대나무 껍질을 깔고, 그 위에 홈을 판 대나무를 올린다. 나뭇가지를 홈에다 맞춘 다음 마찰시키면서 비비면 서서히 불씨가 붙는다. 불씨를 손으로 옮긴 다음 입김을 불어서 불씨를 크게 만든다. 무인도에서 불을 피우느라 낑낑댔던 우리에게는 각별한 의미가 있는 광경이었다.

룬다이족은 그 이름이 '사람 머리'라는 뜻이라고 한다. 그들의 집은 지붕을 들었다 났다 할 수 있는 모양인데 이것이 CCTV 역할을 한다고 한다. 머리띠를 쓰면 미혼 여성이라는 뜻이고, 머리띠를 사용하지 않으면 결혼했다는 표시라고 한다.

민속촌을 방문한다는 것은 어떤 의미일까? 아이들은 처음에는 문명과 떨어진 미개한 민족의 생활일 거라고 생각했는지,

그다지 흥미를 갖지 않는 기색이 역력했다. 혹시 원주민이라는 명칭을 원시인과 연결해 생각한 것은 아닐까? 하지만 그들의 삶의 방식을 가까이서 접하고 나니, 삶 속에 녹아 있는 삶의 지혜를 엿볼 수 있었다.

직접 손으로 만지고, 눈으로 보고, 냄새를 맡고, 즉석에서 요리한 전통 음식을 맛본 경험은 말레이시아를 떠올릴 때마다 잊을 수 없는 경험이 되었다.

생각은 몸의 앞잡이이기도 하지만 때로는 몸이 생각을 이끌기도 한

마리마리 민속촌 내에서 현지인들의 맛과 문화를 체험하다.

말레이시아 사냥 활동을 체험 중이다.

다. 자료와 분석으로 알 수 없는 영역이 있다. 생각이 선입견을 품으면 몸의 움직임을 현저히 방해하기도 한다. 그러니 지나치게 생각을 앞세우지 말자. 때로는 몸의 감각을 그대로 따라가는 직관이 중요한 이유이다.

말레이시아 66세 할아버지 에디와 친구된 여행

에디는 코타키나발루에서 만난 그랩 운전기사이다. 할아버지 기사인데 올해 나이가 66세라고 한다. 어느 날 에디도 은퇴 후 그랩을 이용했는데 기사가 에디보다 세 살이 많은 분이었다고 한다. 그날 에디는 충격을 받았다고 했다. 자신은 은퇴 후 일을 한다는 생각을 못 했다고 한다. 그 후 에디는 그랩 운전기

사가 되었다. 그의 아들은 여행사를 운영하고 있다. 그래서인지 에디는 우리에게 가고 싶은 곳이 있으면 가이드가 되어 줄 수도 있다고 했다. 그에게 다음 여행지에 대해 문의했을 때 그는 다른 분들과 좀 달랐다.

"마리마리 민속촌에 가려고 해요. 비용이 어느 정도일까요?"

"비용이 얼마면 가능하시겠어요?"

가만히 생각해 보니 제주 여행 때가 떠오른다. 제주도 안에 또 다른 섬 우도를 방문했을 때이다. 우도에 내리자마자 전동차와 자전거 가게 두 곳이 보였다. 전동차를 타러 가니 시간당 비용이 정해져 있었다. 고객에게는 선택권이 없었다. 그런데 자전거 가게로 가니 전혀 달랐다.

"1시간에 얼마예요?"

"종일 마음껏 타고 5,000원이에요."

그날 깜짝 놀랐다. 전동차 가게는 모든 선택을 주인이 했는데 자전거 가게는 비용 외에 시간의 선택을 고객에게 맡겼다. 동남아 여행이 진행되는 동안 비용 대부분은 내가 아닌 상대방에 의해서 결정되었다. 그런데 지금 에디가 우리에게 다시 묻는 것이다. 선택권을 우리에게 돌려준 것이다.

정확히 우리가 방문하고자 하는 현지 입장료 등을 모두 다 알 수 없었으나 SNS에서 제시하는 금액보다 약간 낮게 제시했는데 에디는 모든 우리의 제안을 수용했다. 그리고 에디와 우리는 마치 오래된 지인처럼 가족처럼 편안한 사이가 되었다.

말레이시아 코타키나발루를 떠나기 전날 우리는 에디를 한 식당으로 안내했다. 그리고 그에게 한식을 추천해 드렸다. 그는 늘 손님을 모시고는 왔지만, 식사해 보는 건 처음이라고 했다. 맛나게 한식을 맛본 에디가 우리에게 한 가지 제안을 했다. 이제 남은 저녁에는 비용 없이 모시려고 하니 어디로 가더라도 좋으니 우리가 가고 싶은 곳으로 자유롭게 가보라고. 그리고 내일 새벽 공항으로 향하는 길을 자신이 안내하겠다고 했다. 물론 비용 없이 말이다.

새벽 4시 코타키나발루를 떠나면서 우리는 에디의 배웅을 받았다. 마치 우리 가족인 할아버지 곁을 떠나는 것처럼 아쉬웠다. 한국에 돌아왔을 때 에디가 카톡으로 안부를 물어준다. 감사하다.

태국 끄라비의 파사이에 이어서 이번엔 말레이시아 코타키

나발루에서 에디 친구를 새로 사귀고 떠난다. 여행은 단순히 장소만을 기억하러 떠나는 것이 아니다. 여행 일수가 길어질수록 우리에게 마음에 남는 것은 현지에서 만난 사람들과 나눈 정이다. 그리고 새로운 친구를 만나는 것 그것이 우리가 여행에서 배워야 할 진정한 또 하나의 가치이다.

에디 할아버지와 함께 한 키나발루 포링 야외 온천에 핀 꽃 한송이.

에디가 우리에게 한국 전화번호를 물어보고, 우리와 함께한 시간이 행복했다고 한다. 우리 팀 모두는 에디 할아버지가 정겹고 따뜻해서 좋았다. 매일 웃던 에디. 그는 우리에게 친근한 이웃이자 여행의 길동무였다.

아름다운 석양을 보며 하루를 마감한다.

[싱가포르 & 홍콩] 창의적 체험 활동

실패를 극복하며 성공으로

싱가포르 일정   2019년 1월 27일 (1일)

첫째 날 과학관, 아쿠아리움, 센토사섬 (루지 체험)

특징   조호르바루에서 싱가포르로 가는 방법은 벤, 그랩, 기차, 리무진 등
다양한데 가장 저렴하고 빠른 방법은 기차이다. 사총사는 싱가포르
여행을 하면서 유명 관광지보다 과학관부터 찾았다. 유심도 하나뿐인
상태에서 아쿠아리움으로 그랩 두 대로 나눠 타고 떠난 사총사는 센
토사섬에서 루지를 타며 온 얼굴 가득 웃음을 지었다.

홍콩 일정   2019년 2월 6~11일(5박 6일)

첫째 날 침사추이 야경 관람
둘째 날 스텐리베이
셋째 날 침사추이 야경, 역사 박물관, 침사추이 도서관
넷째 날 청차우섬 탐방
다섯째 날 소호 거리, 빅토리아 파크

특징   홍콩시립대 유학생인 성결이와 지인이를 만나 동행했다. 낯선 타지에
서 설 명절을 맞이하는 두 유학생에게 용돈도 건네주며 한국의 정을
나누었다. 침사추이 야경을 관람할 때는 설 명절로 모여든 많은 인파
로 인해 레이저쇼 관람이 쉽지 않았다. 작은 공립 도서관인 침사추이
도서관에서 그림책도 읽고 컴퓨터로 딴짓을 한 사총사. 태국 말레이
시아에 비해 비싼 홍콩 물가 앞에서 과감하게 체험비를 줄인 사총사
는 각 나라의 특색에 맞게 어울리며 문화를 즐길 줄 안다.

싱가포르에서 하루 동안 무얼 하고 놀까?

    싱가포르에서는 딱 하루만 보냈다. 싱가포르는 말레이시아의 조호르바루와 국경을 맞대고 있는데, 조호르바루의 물가는 싱가포르의 3분의 1이다. 그래서 싱가포르 관광을 하면서도 조호르바루에 머무는 사람이 많다. 싱가포르 택시 기사마저도 싱가포르에 살면서 쇼핑이나 식사는 조호르바루에서 한단다. 싱가포르 1일 여행을 하면서 이 말이 무슨 뜻인지를 이해할 수 있었다. 태국과 말레이시아에서 3일 예산에 해당하는 비용을 하루 만에 쓰고 말았다. 이런 상황에서 싱가포르 일정을 어떻게 준비해야 할까? 전체 기획과 운영을 맡은 열여섯 살 예선이의 창의적 체험 활동 보고서에는 다음과 같은 생각들이 열려 있다.

    새벽 두 시까지 싱가포르 가는 방법을 알아본 보람이 있었다. 목적지까지 최단 거리, 최소 시간, 최저 가격을 지불하고 국경을 넘었다. 택시 기사 아저씨로부터 얻은 정보에 의하면, 조흐바르에서 싱가포르 가는 비용은 버스는 1인 5링깃, 택시는 1인 15링깃, 자유 여행으로 벤 한 대를 대여하는 가격은 20만 원 정도이다.

    그러나 우리 팀은 조호르바루 콘도에서 5분 거리인 기차역까지 걸어서 이동해서 기차를 탔다. 1인당 10링깃, 원화로 1인 2,700원 가량인데 국경을 넘는 데 걸린 시간은 단 5분이다. 조호르바루에서 싱가포르로 가는 가장 빠르고 저렴한 선택을 내가 찾았다는 것이 뿌듯했다.

여기까지는 좋았는데 한 가지 더 고려해야 할 사항이 생겼다. 체크 포인트에 내린 후는 어떻게 해야 할 것인가? 막상 어떻게 해야 할지 몰라서 가만히 있다가, 버스 정류장에서 낯선 분을 붙잡고 질문을 했다. 어찌어찌 싱가포르 이층 버스를 타고 MRT 스테이션에 도착, 유심 카드를 해결하느라 오전 3시간을 소비했다.

유심 카드는 세븐 일레븐, 핸드폰 매장, 쇼핑몰 안에 있다는데 세븐일레븐에서는 유심이 소진되어 잔량이 없다고 했다. 핸드폰 매장은 오전 10시에 열고, 쇼핑몰은 10시 30분에 문을 연단다. 핸드폰 매장도 여의치 않아서 쇼핑몰을 찾아가니, 인근 세븐일레븐으로 가라고 했다. 그러고 보니 햄버거 매장에서 아침 먹을 때 바로 옆 매장이 세븐일레븐이었다. 주위를 조금만 살펴보았다면 금방 찾을 수 있었을 것을. 마냥 기다리다 아까운 3시간이 흘러가 버렸다.

그래도 어제 찾아본 보람이 있어서, 할인 가격으로 티켓을 예매한 싱가포르 과학관에서 다양한 체험을 했다. 한국과 비교하면 과천 과학관이나 송암 천문대에 체험 학습하러 다녀온 셈이다. 과학관에서 오로라 관련 영상을 보았는데 관심이 많던 현상이라 배경 지식이 있다 보니 영화를 더 즐겁게 볼 수 있었다.

두 번째 코스는 센토사섬에 위치한 세계 최대의 씨(S.E.A) 아쿠아리움이다. 거기에 가려고 다시 그랩을 잡았다. 그런데 태국과 말레이시아 택시와 달리, 싱가포르 기사는 절대 5명의 탑승을 허락하지 않았다. 법이 엄격하고 처벌 수준이 높은 싱가포르이다 보니 택시 기사들이 법을 준수하는 태도가 놀라웠다.

어쩔 수 없이 유심 카드가 하나인 상황에서 두 대의 택시에 나눠 탑승했다. 목적지에서 못 만날 경우는 유심이 없으니 연락도 안 되는지라 우리 마음 한 곳에서는 살짝 걱정이 되었다.

두 명을 먼저 아쿠아리움으로 보내고 남은 세 명이 다시 그랩을 잡으려니 유심이 없어서 어려웠다. 일반 택시는 과학관에서 아쿠아리움까지 거리가 멀다고 몇 대나 승차 거부를 했다. 사람 마음이 불안하고 급해지면 나도 모르게 용기가 생기는 것 같다. 길 가던 사람을 붙잡고 도움을 요청했다. 그것도 영어로 말이다. 그분이 택시를 잡아 주셔서 목적지에 도착했다. 정말 007 영화 한 편을 촬영한 듯했다.

그렇지만 먼저 도착한 두 사람은 아쿠아리움 밖에서 우리를 기다렸고, 늦게 도착한 우리는 두 사람이 입장했으리라 생각하고 안에서 1시간 동안 찾아다녔다. 이때 번뜩 든 생각이 밴드였다. 비록 유심이 없어서 카톡이나 통화를 못 해도, 연구소 밴드에 글을 남기면 먼저 도착한 두 사람이 글을 확인할 수 있을 것이다. 아쿠아리움 안에 한국 분이 보여서 와이파이를 좀 연결해 달라고 부탁드렸다. 그리고 두 사람이 어디에 있는지 묻는 글을 밴드에 남겼다. 효과가 있어서 결국 다시 모이게 되었다.

세계 최대라는 명성답게 씨 아쿠아리움에는 상어와 가오리 등 다양하고 예쁜 바다 해양 동물들이 많았고 그것들을 관람하는 것은 여행의 즐거움을 더해 주었다.

세 번째 코스는 사총사 모두가 그토록 원하던 스카이 루지를 타러 가는 것이었다. 이미 방송에서 소개된 적도 있고 간단한 사용 방법을 익히면 누구나 쉽게 스트레스를 풀며 루지를 탈 수 있었다. 리프트를 타고 야경을 감상하며 언덕에 오른 후 루지의 브레이크 사용법만 익히면 바로 탑승이 가능하다. 총 3번을 탈 수 있는데 한 번은 감을 익히고, 두 번째는 속도감에 몸이 반응하고, 세 번째는 멋지게 레이스를 즐기면 된다.

다시 1호 차와 2호 차, 즉 택시 두 대를 잡아 기차역으로 향했다. 그런데 2호 차 기사가 기차역은 넓은데 어디서 만나기로 했냐고 묻는다. 아뿔싸. 선생님은 조호르바루 가는 곳에 내려야 한다고 말해서 바로 포인트를 찾았다는데, 우리가 먼저 입력한 정보는 목적지가 달랐다.

이 사실을 모르고 편히 출발한 1호 차 세 사람. 그때 2호 차에 선생님과 함께 탑승한 지운이가 기지를 발휘해서 2호 차 택시 안에서 1호 차의 목적지를 변경했다. 물론 수수료 6달러가 발생했지만 말이다. 결국 2호 차가 먼저 도착하게 되었는데, 실시간으로 교통 상황을 체크하면서 빠른 길로 와 준 덕분이었다.

숙소도 없이 당일치기로 다녀온 싱가포르 여행. 끝없이 생각해야 했고, 예측하지 못한 문제에 부딪히며 해결해야 했지만 이렇게 멋지게 성장한 오늘이 되었다. 우리 팀 사총사를 믿고 이런 경험을 할 수 있도록 기회와 여건을 제공해 주신 부모님들께 정말 감사를 드린다.

싱가포르에서 가장 하고 싶어 하던 루지를 타면서 마음껏 스트레스를 날려 본다.

홍콩, 'How to do' 전에 'What to do'도 모르던 아이들

정주영 현대 그룹 회장이 자주 했던 이야기가 "해 보기나 했어?"라고 한다. 해 보지 않은 일, 시도하지 않은 일은 과정이나 결과를 가늠하기 어렵다는 말이다. 대한민국 중등 사총사가 타국에서 35일을 살아 내야 했던 경험은 해 보지 않은 이들에게는 막연한 꿈에 지나지 않거나 실감하기 어려운 일이다.

떠나오기 전에는 나 역시 사총사의 능력을 가늠하기 어려웠다. 출발 하루 전에 이 질문이 아이들을 움직인 첫 계기가 되었다.

"너희들 도대체 내일 공항에 도착해서 콘도까지는 어떻게 찾아갈래?"

'How to do'(어떻게 해야 할지) 전에 'What to do'(무엇을 해야 할지)도 모르던 아이들이 이제는 해외에서 별걸 다 할 줄 아는 사총사가 되었다.

네 번째 국가인 홍콩에 도착하니 아예 무인 셀프 체크인을 해 버린다. 공항 직원의 도움 없이도 단시간에 수속을 밟고, 사전에 짐 무게를 가늠해서 적절하게 배분한 후 항공기로 보낸다. 중량 초과로 심사대 앞에서 짐을 어수선하게 펼쳐놓고 다시 꾸리던 그때가 얼마 지나지도 않았는데 말이다.

과연 그때그때 비행기 놓치지 않고 잘 탈까 싶어 노심초사한 부모님들의 걱정은 기우에 지나지 않았다.

"너희들은 공부만 하면 돼. 나머지는 다 엄마가 알아서 할게."

드라마 대사처럼 익숙한 장면은 이곳에 없다. 사총사는 매일

매일 하루를 계획하고 움직여야 했다. 비행기 타려면 최소 2시간 전에는 공항에 도착해야 하고, 그러기 위해서 택시가 좋을지 픽업 서비스를 예약하는 게 좋을지 분석하고 행동에 옮겨야 한다.

유심을 공항에 가서 사야 할지, 아니면 픽업 예약 서비스에 포함시키는 것이 나을지도 살펴봐야 한다. 패키지 여행이나 가족 여행이었다면 아무것도 하지 않았을 아이들이지만 이곳에서는 모든 일을 스스로 해낸다. 자유를 마음껏 누릴 수 있지만, 그에 대한 책임도 온전히 그들의 몫이다. 여행을 떠나오기 전에, 자신들이 변해 있을 이 모습을 아이들은 과연 상상이나 할 수 있었을까?

홍콩에 예약한 콘도에 도착하자, 아이들 얼굴에 실망이 가득했다. 태국과 말레이시아의 콘도에 비하면 홍콩의 콘도 비용이 가장 비쌌는데 시설은 가장 열악했기 때문이다. 홍콩의 비싼 물가를 몸으로 실감했다. 태국에서 한 개에 원화 300원짜리 꼬치를 마음껏 먹은 사총사에게 홍콩의 3,000원짜리 길거리 꼬치는 부담 백배이다.

태국에서는 모든 음식이 맛있어서 적응이 쉬웠지만, 말레이시아에서는 1주일 내내 아픈 아이도 있고 해서 한식을 자주 먹었다. 그런데 같은 한식 메뉴라도 말레이시아와 홍콩은 확실히 비교가 된다. 말레이시아에서 1인분에 7,000원꼴이었던 김치찌개가 싱가포르 센토사섬에서는 16,000원이었다. 미슐랭 가이드에서 원스타 등급을 받은 홍콩 서라벌 레스토랑에서 한식은 약 13,500원이다. 아이들은 아예 2인 1식으로 주문했다. 물가가 비싼 지역에서 한식당을 찾을 때는 1인분에 공깃밥을 추가하는 방식이 효율적이라는 것을 일찍이 깨달았다.

"3년 전 홍콩에 왔을 때는 예산 문제에 전혀 관심이 없었어요. 지금은 매일 사용 항목을 기록하니까 물가의 차이가 느껴져요. 한국에 돌아가서도 매일 이렇게 기록해야 남은 예산도 알고 적절하게 사용할 수 있을 거 같아요. 기록하니까 한눈에 보이네요."

Just do it. 직접 해 보라. 직접 해 봐야만 알 수 있는 것들, 해 보지 않으면 느껴지지 않는 것들, 공부보다 훨씬 가치 있는 것들이 여행에 있다. 여행은 여행 전과 다른 존재로 '물들어서' 돌아가는 것이다. 다양한 색깔의 도시들을 내 색깔대로 즐기고, 그곳의 색깔을 받아들여 새로운 색조를 은은하게 품고서, 내가 살던 곳으로 익숙한 듯 새롭게 돌아가는 것이다.

"한국에 돌아가면 자전거 여행을 떠나 보고 싶어요. 직접 맛집도 찾아보고, 자전거를 타고 여행하면서 나를 돌아보고 싶어요. 내가 얼마만큼 할 수 있는지, 내가 어떤 사람인지, 어떤 어른으로 자라고 싶은지 여행은 나에게 속삭이고 알려 주는 즐거움이 있어요."

우리는 시도하기 전까지는 무엇을 할 수 있는지 결코 알지 못할 것이다. 어른들이라면 여행을 하며 유명한 관광지나 맛 집을 찾겠지만, 사총사는 도착하는 도시마다 그 특색에 따라 찾아가는 곳이 달라진다. 태국의 치앙마이, 말레이시아의 조호르바루는 신도시여서 사총사들이 다양한 체험을 할 수 있었다. 치앙마이에서는 요리 교실에서 요리를 배웠고, 나이트 사파리에서 동물과 교감했고, 골든 트라이앵글에서 메콩강을 사색했다.

조호르바루에서는 외국 정취의 쇼핑몰에서 영화도 보고 노래방도 가면서 말레이시아 문화를 탐색했다. 반면 태국의 끄라비와 말레이시아의 코타키나발루에서는 시골 풍경의 도시 속에서 쉼과 휴양을 즐길 줄 안다.

그런데 이곳 홍콩에서는 비싼 물가 속에서 체험이나 관광지에는 시선도 주지 않는다. 무료 서비스나 서렴한 곳을 알뜰살뜰 쏙쏙 골라내어, 역사박물관과 침사추이 공립 도서관, 침사추이 야간 레이저 쇼 등에서 홍콩의 정취를 한껏 즐긴다. 그때그때의 색깔에 맞게, 새로운 색깔로 접근하며 그 도시에 물들어 가는 사총사.

이 여행을 오기 전까지는 사총사 본인들도 자신이 어느 만큼의 잠재적인 능력을 갖추고 있는지 몰랐을 것이다. 긴 시간 동안 해외살이를 직접 해 본 후에야 자신 안의 또 다른 자신을 마주하게 되었다.

해 보지 않으면 알 수 없다. 내 안의 작은 거인이 얼마만큼의 능력을 갖추고 있는지, 얼마나 많은 보물을 숨기고 있는지를…. 그러나 많은 부모는 내면의 거인이 자라나는 시간을 기다려 주지 못한다. 실패로 돌아갈지 모르는 투자, 수많은 시행착오, 그로 인해 발생하는 쓰디쓴 감정, 다툼, 방황을 지켜보면서 감내해야 하기 때문이다.

그래서 부모란 아이가 자신을 부정할 때조차도, 아이가 믿는 한 사람이 되어야 한다. 그를 긍정해 주는 존재가 되어야 한다. 성장에는 반드시 실패가 따른다는 사실을 알고서 아이의 비효율적인 과정을 가치 있게 여길 줄 알아야 한다. 아이를 끝까지 믿어 주는 한 사람이 있다면, 설령 비뚤어진 인생을 살던 사람이라도 반드시 되돌아와서 자신의 모습을 되찾을 수 있다.

반드시 그러하다.

　누구나 내면에 숨겨진 또 다른 자아가 있다. 비단 어린아이 뿐만 아니라 반백의 노인까지, 사람은 평생 발견하지 못하는 자기 자신이 있는 것이다. 인생의 그 어떤 시점에서든, 그 어떤 가치든 해 보지 않으면 결코 알 수 없다. 내 안의 또 다른 나를 발견하기 전까지 우리는 종종 참 많이도 나를 잊고 살아간다.

　침사추이 공립 도서관에서 《The magical Snow GARDEN》 이라는 그림책 한 권과 만나게 되었다. 그림책이 우리에게 묻는다.

시도하지 않으면 어떻게 알 수 있을까요?

(How will we know unless we try?)

시도하기 전까지는 당신이 무엇을 할 수 있는지 결코 알지 못 할 거예요!

(Yon never know what you can do until you try!)

100만불짜리 홍콩 야경을 뒤에 두고서 즐거운 시간을 보내고 있다.

소감문

이상진

영어를 재밌게 배우려면 실제로 영어로 대화를 해 봐야 한다

학교에서 배우는 영어의 문법, 듣기, 말하기 등은 어디에 활용되는 것일까? 내게는 그저 시험 문제를 푸는 데에 활용될 뿐이었다. 그런데 실제로 해외에 가서 경험해 보니, 외국인과 회화할 때 활용할 수 있었다. 아주 조금밖에 영어를 알지 못하더라도 회화가 가능했다. 지금부터 그 경험을 이야기를 해 보려 한다.

태국 사람들은 우리나라 사람들처럼 자신들의 언어가 있기 때문에 영어를 엄청 잘하는 사람도 있지만 대부분은 영어를 못했다. 그런데 내가 경험해 보니까, 영어를 사용하여 외국인과 대화할 때 하는 말은 우리가 배운 것 가운데 일부였다. 물건을 살 때는 "How much is it?"이면 되었다. 아주 간단한 영어만 해도 회화에 문제가 없었다. 사실 외국인을 만나도 할 수 있는 이야기가 어떤 일을 하고 있는지, 어느 곳에 지금 머물고 있는지, 국적은 어디인지, 무슨 목적으로 이곳에 왔는지 정도이기 때문에 문장을 완벽하게 구사하거나 다 알아 듣지 못해도 단어 몇 개만 알면 회화가 어느 정도 가능했다.

난 한국에서 영어를 잘하는 편이 아니다. 그러나 해외에서 현지인들과 대화를 해 본 결과 일상적인 소통에는 문제가 없었다. 그리고 그들과 대화할 때 화려한 영어를 구사하지 않아도 충분히 소통할 수 있었다.

내 생각을 어떻게든 표현하여 대화에 성공하게 되니까 희열감과 동시에 뿌듯함, 영어에 대한 자신감이 생겼다. 이것은 집이나 학교, 또는 학원에 앉아서 녹음된 영어 듣기 평가나 문법, 단어를 외우는 것보다 훨씬 영어에 대한 애착을 생기게 해 주었고, 내가 영어를 배우는 목적을 깨닫게 해 주었다.

우리가 영어를 재밌게 배우려면 실제로 해 봐야 한다. 아무리 집에서 더빙 없이 영화를 보고 원서를 본다 해도, 실제로 회화를 하는 것만큼 재밌고 효율적인 방법은 아니다. 중학생이나 고등학생이 되기 전, 즉 시험에 대한 스트레스를 받기 전인 초등학생 때 그 느낌을 경험하게 해야 한다고 생각한다. 공부는 동기부여가 중요하니까 실제로 회화하는 느낌이 어떤지를 제대로 경험을 해서 제발 영어를 포기하는 아이들이 줄어들었으면 좋겠다.

이도현
성공을 위해서가 아닌 실패를 위해 떠난 여행

나는 이 여행을 통해 일상에서 내가 해야 할 일이 무엇인지, 그리고 만남이 얼마나 중요한지 알게 되었다. 내가 해야 할 일이란 누군가를 돕는 것이다. 여행이 끝난 뒤에 한동안 집에서 설거지, 청소, 빨래를 했다. 또 인연이 얼마나 중요한지를 알게 되었다. 우리의 여행에는 항상 만남이 있었다. 끄라비에서는 파사이와의 만남이었는데, 우리가 숙소에 들어온 것을 환영해 주면서 인연이 시작되었다. 우리는 함께 야시장도 가고, 파사이의 학교인 태국의 국제학교에도 가는 쉽지 않은 체험을 했다.

또 코타키나발루에서는 에디와의 만남도 있다. 에디는 일몰을 보러 갈 때 잡았던 그랩 택시의 기사였는데, 그 인연으로 우리가 제시하는 비용의 모든 제안을 수용했던 우리의 고마운 분이다. 그 덕분에 우리는 코타키나발루에서 최상의 여행을 즐길 수 있었다.

에디는 항상 자신보다 우리가 우선이었기에, 우리도 우리보다 에디가 우선이 되었고, 그렇게 서로 챙겨 주는 진정한 만남이 이어졌다.

여행에서는 여러 사람과 만날 수 있었기에 그때의 여행이 추억으로 남고, 그 추억은 돈으로도 살 수 없다는 것임을 우리는 깨닫게 되었다.

또 우리 여행에는 많은 실패도 있었고, 성공도 있었다. 토마스 에디슨은 "많은 인생의 실패자들은 포기할 때 자신이 성공에서 얼마나 가까이 있었는지 모른다"라는 말을 했다. 우리는 성공을 위해서가 아닌 실패하기 위해서 여행을 갔다. 그리고 우리의 여행은 무수한 실패로 인하여 하나의 '성공'을 이룰 수 있었다.

가장 기억에 남는 순간은, 끄라비에서 내 생일을 맞았을 때이다. 갑자기 파사이가 케이크를 들고 축하해 주었다. 이후로, 우리는 서로가 알려주지 않아도 아는 텔레파시가 통하는 존재가 되었다.

또 여행을 다니는 35일 동안 우리는 하루도 빠짐없이 설거지했다. 공부 또한 했는데, 자신이 정해 놓은 만큼 하지 않거나 설거지를 못 하면, 다음 날은 쭉 공부만 하다가 숙소에 머무는 날이 되었다. 그리고 자신이 해야 할 분량보다 많이 하거나 설거지를 제때 깔끔하게 해 놓으면, 그다음 날은 우리 마음대로 환상적으로 여행을 즐길 수 있는 날이 되었다.

그러한 페널티와 보상이 오갔기 때문에 지금의 내가 부모님의 설거지를 도와드릴 수 있는 것이 아닌가 싶다. 설거지가 빨리 끝나는 이유는 많이 해본 '경험'에서 나온 것이다.

또 한 가지 안 것이 있다면, 설거지는 경험이 있든 없든 힘들고 귀찮다는 것이다. 이런 귀찮은 것을 우리 엄마, 아빠, 할머니는 매일같이 하셨던 것이고, 나는 그것이 얼마나 귀찮은 것인지 모른 채로 밥을 먹고 그릇만 치우고 방에서 노닥거린 것이다.

또 변화한 점이 있다면 영어 실력이 늘었다는 것이다. 가장 영어를 많이 쓴 곳은 끄라비인 것 같다. 끄라비의 숙소 안에서는 파사이와 두 명의 어린 친구를 만났는데, 한 명은 러시아에서 온 여자아이, 한 명은 몽골에서 온 남자아이였다. 러시아 여자아이는 영어를 잘하진 못했지만, 몽골의 남자아이는 영어를 정말 잘했다. 우리보다 더 잘한 것이 확실하다.

물론 언어가 다르고 말이 통하지 않는다고 해서 함께 놀 수 없는 것은 아니다. 우리는 일주일 동안 서로 영어로 대화하며, 수영장에서 놀기도 하고, 같이 모여서 맛있는 것도 먹는 등의 재미난 여행을 보냈다.

영어를 시험 보느라 머리 싸매고 힘들게 공부하는 것이 아닌, 놀면서 즐겁게 배울 수 있다는 것을 깨닫게 되었다. 35일 동안 영어로만 이야기를 하다 보니 문법을 몰라도 단어 몇 가지만 안다면 상대방이 하는 말을 어느 정도 이해할 수 있다는 것을 느꼈다.

상대가 빨리 말하면 내가 아는 단어들을 통해서 하는 말을 재빠르게 눈치채고, 대충 어떤 말을 하는 것인지 예측, 추측을 하는 것이 늘어서 문법, 시험보다는 회화가 더 중요하다는 것을 깨닫게 되었다.

이런 모든 나의 깨달음이 어디에서 왔을까? 생각해 보면 모두 '만남'과 연관되어 있음을 알게 되었다. 우리가 타인과 만나고, 상대의 입장에서 생각해 서로 배려해 주며 친분을 쌓아 가며, 헤어지고 나서는 서로를 기억하게 되고, 그 기억이 추억으로 변화할 때, 그 추억들을 붙잡고 싶을 때 그 순간을 우리는 '그리움'이라 한다. 여행에서 보았던 파사이, 에디, 그리고 두 명의 아이들과의 만남 뒤에도 그랬듯이, 나는 그들을 그리워하고 있나 보다.

이예선
동남아 한 달살이의 여행 학교에서 '내 안의 또 다른 나'를 만나다

사람이란 참 아이러니한 존재이다. 무슨 말로도, 어떤 노력으로도 절대 바뀌지 않다가도 스스로 깨닫는 순간 180도 변하는 게 바로 사람이다. 사건이든, 사람이든, 보는 것이든, 듣는 것이든 그 어떤 것이 계기가 되어 스스로 깨닫는 순간 인생의 전환점을 맞는다.

나도 35일 동안의 동남아 여행을 계기로 전환점을 맞았다. 설거지 한 번, 내방 청소 한 번 한 적이 없는 내가, 집에서 왕자님과 공주님으로 대접받던 우리가 피라미드 꼭대기에서 내려와 잡초가 된 출발점이 바로 이때였다.

전환점이 된 그 첫날 새벽 4시에 우리는 여행 가방을 지하 주차장에 두고 차에 올라탔다. 이번 여행의 테마는 모든 것을 우리가 다 하고 어느 정도의 책임도 우리가 지는 것이었다. 그런데 짐을 싣는 사소한 것부터 우리는 너무 의존해 왔다. 앞으로는 직접 해야 한다는 것을 깨달은 후 인천공항으로 떠났다.

방콕에 도착한 직후부터도 문제였다. 예약한 숙소까지 어떻게 갈지 아무런 준비도 해 놓지 않았다. 다행히, 전날까지 우리가 아무 준비도 하지 않자 아빠가 이동 방법을 준비하라고 해 주신 덕분에 오래 헤매지는 않았다. 그러나 픽업 서비스를 어디서 받아야 할지 몰랐던 우리는 1시간이나 짐을 들고 헤맸다. 이때 여행에 대한 책임감을 처음 느꼈다. 정말 세상 밖으로 나왔다는 사실을 직시하게 되었다.

다음날 밤, 중대한 사건이 터졌다. 설거지를 누가 하냐는 사소해 보이는 문제였다. 그래도 우리는 지금까지 어울림 토론까지 배우고 인문학을 하며 각종 말하기와 책을 두루 섭렵한 지식인으로서, 피곤한 하루를 보냈음에도 불구하고 새벽 1시까지 끝장 토론을 했다. 당시에는 힘들었지만 지금 보면 이 과정 또한 우리가 성장해 가는 과정이었다. 감정만 내세운 싸움이 아닌 대립이 되는 점을 하나하나 찾아 양보하며 문제를 해결하는 과정을 배워 간 것이다.

이어서 준비가 안 될 때 어떤 일이 벌어지는지를 몸으로 겪는 또 한 번의 시련이 나를 찾아왔다. 치앙마이에 오니 21시였다. 너무 피곤한 나머지 아무 생각 없이 그대로 뻗었다. 여기서부터 문제가 시작된다. 준비되지 않은 자는 누릴 자격이 없다는 말을 뼈저리게 느껴야 했다. 아침 먹을 장소를 챙기지 못해서 마트 음식으로 끼니를 때우고, 어디로 가야 할지 정하지 못해서 이리저리 돌아다니다 결국 다시 숙소로 돌아오고 말았다.

그전까지는 내가 기획했던 여행에 만족했는데 이렇게 소중한 35일 중 하루를 보내고 나니까 다들 풀이 죽었고 나조차도 그 하루가 너무 아까웠다.

저녁을 먹은 후 나는 숙소에서 이를 갈았다. 다신 실패하지 않겠다는 의지로 치앙마이에서 유명하다는 카페를 다 찾아보고 타임테이블까지 생각해 놓았다.

이날의 실패로 얻은 교훈으로 기준을 세웠다. 일단 볼거리와 먹거리 모두 숙소에서 20분 이상 걸리면 안 된다. 이동 시간이 길어지면 교통비도 그만큼 비싸진다. 먹거리는 가격과 맛과 주변을 모두 파악한 후 후회하지 않을 것 같다는 확신이 드는 장소로 결정했다.

볼거리는 우리 하루 예산을 넘지 않도록 예약했다. 기준을 세우고 실행한 다음 날 모두가 만족했다. 여기서 나는 또 한걸음 성장했다.

전날 실패했지만, 그 실패에 굴하지 않고 원인을 분석한 뒤 다음날 그 문제점을 완벽하게 개선했다. 우리는 모든 것을 직접 해 본 후 그에 따른 대가도 아주 톡톡히 치렀다. 많은 시간과 돈을 포기해야 했지만, 돈을 주고도 결코 살 수 없는 내 인생의 전환점을 만나게 되었다.

여행하기 전의 나는 지금의 나와 다른 사람이다. 여행하고 난 후 나는 내 능력과 자신감과 자존감을 회복했다. 내가 여행 전반에 걸친 프로그램 기획, 이동, 회계까지 다양한 일들을 소화할 수 있다는 것을 깨달으니 집에서 내가 스스로 하는 일이 더 많아지고 있다.

아침 5시면 일어나서 언제 누가 들어와도 감탄할 정도로 각이 살아있게 이불을 접는다. 최근에는 아예 장을 직접 보고 아침을 하기도 한다. 더 나아가서 과일 쉐이크, 샌드위치, 스파게티 등의 간단한 음식은 직접 요리할 수 있다.

혼자 누워서 모든 기찮은 일을 할머니, 엄미, 동생 상진이한데 시기던 내 모습을 되돌아보니 정말 철이 없고 어리숙했다. 동남아 여행 경험으로, 나는 이제 집에서 사소한 것부터 독립해 나가고 있다. 이 여행은 정말 나에게 충격이었고, 기쁨이었고, 감동이었고, 추억이었다. 16년 인생에서 이 경험은 나를 180도 바꿔 준 내 인생의 진정한 전환점이 되었다.

제 3 부

역사와 문화를
경험하며 성장하다

[독도 울릉도] 독도 토론

지켜야 할 우리 땅을 밟아 봤니?

나는 섬을 좋아한다. 무인도를 다년간 다니면서부터 시작된 섬 사랑이다. 일단 섬에만 가면 마음이 편안해진다. 예전에는 지도를 볼 때 바다에 점점이 흩어진 섬에 집중하지 않았지만, 이제는 그 섬 하나하나마다 담긴 독특한 정취와 구조가 어떨까 싶어 관심이 간다.

토론 수업에서 섬과 관련해 단골로 등장하는 주제가 있다. 바로 독도는 한국 땅이라는 주제이다. 이 주제로 토론할 때는 생각보다 만만찮은 자료 준비를 해야 한다. 그렇게 해도 설득력 있게 주장을 펼치기가 쉽지 않다.

독도가 우리 땅이라는 사실을 한국인이라면 누구나 인정하는데, 왜 이 주장을 펼치기 어려운 것일까? 결국 근거 자료 확보도 중요하지만, 직접 가서 독도를 느껴 보는 정의적 차원에서의 접근이 필요하다는 생각이 들었다. 그래서 독도를 찾아 떠나기로 했다.

경상북도 울릉군 울릉읍에 위치한 독도를 방문하려면 당연히 울릉도를 거쳐야 한다. 우리는 독도보다 먼저 울릉도에 도착했다. 그런 우리를 김헌린 부군수께서 친히 맞으며 환대해 주셨다. 이 여행에 함께해 준 윤승철 대표는 울릉도 탐방의 의미가 깊어질 수 있도록 부군수를 직접 인터뷰할 기회를 만들어 주었다. 울릉도 김헌린 부군수가 들려주는 울릉도 이야기는 다음과 같다.

울릉도 김헌린 부군수가 들려주는 울릉도 이야기

현재 "울릉도 인구가 만 명이 조금 넘고, 관광객 등 유동 인구가 만 명 정도입니다. 울릉도에는 삼무(三無), 즉 도둑, 거지, 뱀 이렇게 세 가지가 없어요. 도둑이 없고 거지가 없는 이유는 비슷해요. 울릉도에서는 어떤 일을 해도 하루에 10~20만 원을 벌 수 있죠. 그래서 일하면 돈을 벌고 살아갈 수 있으니까 도둑이나 거지가 없어요. 그리고 울릉도에 많은 다섯 가지는 바람, 돌, 물, 미인, 향나무를 꼽아요. 울릉도는 예로부터 물이 부족했던 적이 없는 곳이에요."

이야기를 듣던 친구들이 질문을 시작한다.

"울릉도에서 가장 높은 곳이 어디예요?"

"성인봉이 가장 높은데 984m 정도 되지요."

"울릉도에서 꼭 먹어 보아야 할 음식을 추천해 주세요."

"오면서 뱃멀미를 한 사람이 있나요? 오징어 내장탕을 먹으면 뱃멀미가 사라진답니다. 원래 그 지역에서 난 음식으로 속을 달래는 것이거든요. 그리고 울릉도에는 칡소가 있어요. 〈향수〉라는 노래 속에 나오는 '얼룩빼기 황소'가 바로 칡소예요. 그리고 그 유명한 독도새우가 있지요. 청정한 지역에서 자라서 엄청 맛있기 때문에 매우 유명해요."

"울릉도 인근의 독도는 작은 섬인데 왜 중요한 의미가 있는 건가요?

"울릉도와 독도가 일본 땅이라면 어민들은 일단 어획량이 줄어들 테고, 바나 아래의 어마어마한 자원을 다 빼앗길 수도 있어요. 바다를 정복하는 국가가 세계를 정복한다는 말을 들어봤죠? 영국, 스페인, 일본이랑 다른 많은 나라들이 바다를 통해서 세계를 정복했어요. 그런데 우리는 예로부터 바다를 경시하는 경향이 있어요."

"울릉도만의 독특한 문화가 있나요?"

"울릉도는 겨울에 눈이 4m가 넘게 와요. 그래서 설피를 신고, 집은 너와집이라고도 하는 우데기 집으로 만들고, 굴을 만들어서 돌아다니죠."

"울릉도의 전통을 체험해 볼 기회가 있나요?"

"울릉도 축제에 참여해 보세요. 맨손으로 오징어도 잡고, 바다 미꾸라지도 잡을 수 있어요."

울릉도 나리분지의 너와집 주위에 피어난 나리꽃.

"울릉도에서 꼭 가보라고 추천하실 곳이 있나요?"

"독도박물관이랑 나리분지 그리고 근대 문화유적지에 꼭 가고, 더해서 해양 탐험도 하면 가장 좋지요."

인터뷰는 잠시였지만 책이나 사진을 접하면서 울릉도를 조사하는 것과는 전혀 다른 느낌이었다. 바쁜 일정 가운데 시간을 내주신 것만도 감사한데, 울릉도의 명물 오징어로 만든 오쌈 불고기로 청소년팀을 환영해 주셨다.

울릉도 오징어는 살이 여간 통통한 게 아니다. 도심의 오징어 맛과 울릉도 오징어는 맛과 식감의 차원이 달랐다. 울릉도에 꼭 방문해야 할 이유가 한 가지 추가되는 셈이다.

독도새우는 먹어봤니?

문재인 대통령이 트럼프와 정상 회담을 나눌 때 함께 나눈 식사 메뉴가 독도새우였다. 일본과의 독도 분쟁이 계속되는 상황에서 독도가 한국 땅임을 전 세계에 알려 주는 문화 외교 전략을 택한 것이다. 독도 새우는 독도 인근 해안에서 잡히는 새우라 독도새우라고 부른다. 일반 새우보다는 단맛과 고소한 맛이 더 느껴진다. 여기까지 왔는데 단맛과 고소한 맛이 일품이라는 독도새우를 맛보아야 하지 않을까?

하지만 울릉도 물가는 서울보다 훨씬 비싸다. 2018년 8월 기준으로 오징어 한 축에 12만 원, 자장면 한 그릇에 7천 원이다. 육지에서 평당 100만 원 하는 공사라면 울

싱싱한 독도새우의 모습.

룽도에서는 평당 300만 원이라고 한다.

그렇다고 그 유명한 독도새우를 시세에 따라 달라진다고 안먹고 갈 수는 없었다. 우리가 울릉도를 방문한 2018년 여름 당시에는 1kg에 자그마치 15만 원이었다. 독도새우를 주문하고 상차림을 보니 닭새우, 참새우 등 종류가 다양하지만, 우리 팀이 양껏 먹을 수 있는 개수로는 한참 부족했다. 나중에 1인당 몇 개나 먹었냐고 물어보았더니 자신보다 먼저 같은 테이블의 친구들에게 양보하려 했다는 모습이 기특하기만 하다. 독도새우의 고소함 대신 서로의 구수한 배려를 맛본 순간이다.

독도가 한국 땅인데 토론만 하면 진다고

독도가 한국 땅이라는 주제로 토론을 하면 한국의 대다수 청소년들은 당연히 이길 것이라고 생각한다. 그러나 막상 토론 현장에서는 정반대의 상황이 자주 발생한다. 어떤 이유 때문일까? 직접 독도와 울릉도를 탐방하면서 울릉도독도해양연구기지에서 김윤배 박사의 강의를 듣고 열다섯 예선이는 다음과 같은 토론 입안문을 준비했다.

⊙ 독도는 한국 땅이다

찬성 팀 이예선

안녕하세요. 저는 이번 토론에서 찬성 측 주장 발표를 맡은 이예선입니다. 저는 오늘의 안건 '독도는 한국 땅이다.'에 찬성합니다.

대한민국 헌법 제3조는 "대한민국의 영토는 한반도와 그 부속도서로 한다"라고 명시되어 있습니다. 부속도서는 한반도에 딸린 수많은 섬을 이르는 말입니다. 그 많은 섬 중에는 울릉도도 포함되어 있습니다. 또 독도는 울릉도의 부속도이자 한반도의 부속도서이기 때문에 당연히 우리의 영토에 속한다고 볼 수 있습니다. 그러나 일본에서는 계속 이에 대한 반박을 제기하고 있습니다.

'독도는 누구 땅인가?'라는 질문에 대한 답은 명확하지만, 실제로 그 이유와 근거를 명확히 들 수 있는 한국인은 많지 않습니다. 근거를 정확하게 찾아보지도 않은 채 관심도 없는 상태로 놔둘 수 없고, 더군다나 객관적이고 신빙성 있는 자료들을 토대로 독도는 한국 땅이라는 주장을 펴기 위해서 이 토론을 하게 되었습니다.

이번 안건에서 독도란 화산 활동으로 생겨난 돌섬으로 현재 우리나라 부속도서인 울릉도에 딸린 부속도라고 정의하겠습니다. 저는 역사적, 지리적, 국제법상 이유로 이번 안건에 찬성합니다.

첫째, 역사적 이유로 찬성합니다.

동국전도, 조선전도, 해좌전도나 일본인이 그린 삼국접양지도(178년)에는 모두 독도가 한국 땅으로 그려져 있습니다. 또 울릉도에서 독도가 멀리 떨어지지 않아 독도가 혼자만의 섬이 아닌 울릉도에 속해 있는 부속도라는 사실을 일본이 인지했음을 알 수 있습니다. 또 조선 초기 때 울릉도와 독도에 백성이 살지 못하게 했던 적이 잠시 있지만 곧 백성을 이주시켰고, 안용복 사건 이후 2년마다 정기적인 순찰을 행하게 했습니다.

둘째, 지리적 이유로 찬성합니다.

실제로 일본에서 제일 가깝다던 오키섬보다 울릉도에서 독도를 가는 것이 훨씬 가깝다는 것은 모두 알고 있을 것입니다. 그래서 가까운 거리만큼 우리가 오래전부터 독도의 존재를 인식하고 있었습니다. 그런데 이전에는 상대방과 영유권을 주장할 때 거리도 중요한 근거 중 하나였습니다.

울릉도에서 독도까지의 거리는 약 87km이고, 오키섬부터 독도까지의 거리는 약 157km입니다. 실제로 양국이 17세기에 두 나라 사이의 거리를 조사했고, 일본은 1696년에 독도를 우리나라 영토로 인정했습니다. 《세종실록 지리지》에 적혀 있는 내용에도 "두 섬의 거리가 가까워 맑으면 볼 수 있다"라고 적혀 있습니다. 이처럼 가까운 거리 덕에 우리는 예전부터 독도의 존재를 알고 있었습니다.

셋째, 국제법상 이유로 찬성합니다.

현재 독도를 점거하고 있는 나라는 한국입니다. 그리고 독도를 수비하고 순찰하는 사람은 군인이 아닌 경찰입니다. 울릉도에 머무르고 있는 경찰들이 50일씩 돌아가며 독도경비대로 경비하는데 이것은 독도가 우리나라의 행정구역 안에 들어간다는 것을 의미합니다.

그리고 1900년 대한제국 칙령 제41호에 명백히 독도가 한국 땅이라고 기록되어 있습니다. 일본은 을사늑약으로 우리의 외교권을 박탈하고 제일 먼저 독도를 침탈해 시마네현으로 편입했는데, 이는 독도를 일본 땅이라고 주장할 수 있는 근거가 되지 못합니다.

따라서 저는 역사적 이유, 지리적 이유, 국제법상 이유로 이번 안건 '독도는 한국 땅이다'라는 안건에 찬성합니다. 지금까지 제 이야기를 들어 주셔서 감사합니다."

독도의 웅장한 장관(울릉도독도해양연구기지 제공).

독도를 왜 일본 땅이라고 우기는 거니?

토론에서는 종종 자기 생각과 반대 입장에 서야 하는 경우가 발생한다. 모두가 찬성이나 반대편에 선다면 토론이 성립될 수 없기 때문이다. 이런 경우를 영어로 'devil's advocate', 즉 '악마의 변호사'라고 한다. 실제로 독도를 주제로 한 토론을 여러 번 열었는데 찬성 측 발언을 수행한 예선이가 이번에는 악마의 변호사 역할을 자청하게 되었다.

⊙ 독도는 한국 땅이다

반대 팀 이예선

"안녕하세요. 저는 이번 토론에서 반대 측 주장 발표를 맡은 이예선입니다. 저는 오늘의 안건 '독도는 한국 땅이다'에 반대합니다.

혹시 미국의 오제이 심슨을 아십니까? 오제이 심슨 사건은 1994년에 일어났는데, 심슨이 아내와 자식을 살해한 것으로 의심받아 사형선고 위기까지 갔으나 결국 증거 불충분으로 무죄를 선고받으면서 당시 미국 사회에 큰 영향을 끼쳤던 사건입니다. 이처럼 개인의 사건도 증거가 불충분하면 무죄를 선고받는 현실인데 한 나라의 영토를 두고서야 더 무슨 말을 할 수 있겠습니까?

오늘 '독도는 한국 땅이다'라는 주제는 한일 양국 간에 오래 논쟁해 온 주제입니다. 그러나 지금까지도 결론을 내리지 못한 분쟁 사항입니다. 저희 팀은 오늘 '독도는 한국 땅이다'라는 주제는 현재 양국 간의 영토 분쟁 건임을 명확히 하며 배우고 익히기 위해 이번 토론을 진행하고자 합니다.

이번 안건에서 독도란 화산 활동으로 생겨난 돌섬으로 현재 우리나라 부속도인 울릉도에 딸린 부속도서라고 정의하겠습니다.

저는 오늘의 안건에 독도가 한국 땅이라는 역사적 증거 부족, 샌프란시스코 조약, 한국 정부의 무대응을 이유로 독도가 한국 땅이라는 주장에 반대하는 동시에 독도는 일본의 영토라고 주장합니다.

첫째, 독도가 한국 땅이라는 역사적 증거가 부족합니다.

한국은 독도가 역사적으로 한국 땅이었다는 주장으로 조선의 고문헌 삼국사기, 세종실록 지리지, 신증동국여지승람, 동국문헌비고, 만기요람, 팔도총도 등의 기술을 근거로 독도를 인지하고 있었다고 주장합니다. 하지만 앞서 열거한 고문헌 어디에서도 구체적으로 독도를 묘사하는 곳은 없습니다. 팔도총도에서는 독도가 울릉도의 서쪽에 있고, 실제 독도는 울릉도보다 훨씬 작은 섬이지만 여기서는 비슷한 크기로 그려진 걸 보아 독도를 묘사한 것이 아니라고 볼 수 있습니다.

둘째, 샌프란시스코 평화조약으로 증명됩니다.

일본은 과거 한국을 침략했던 전적이 있습니다. 그래서 침탈했던 한국의 땅을 돌려주기 위해 샌프란시스코 평화조약을 맺었습니다. 그런데 샌프란시스코 조약에서 독도는 빠져 있습니다. 따라서 독도는 일본이 돌려주지 않은 섬으로 일본의 영토로 간주할 수 있습니다.

셋째, 한국 정부의 무대응입니다.

일본 정부는 부당한 한국 정부의 영토 침탈에 항거하여 과거 수차례 국제 사법재판소에서 독도가 누구의 것인지 재판을 해 보자는 건의를 여러 차례 진행했습니다. 그러나 한국 정부는 단 한 번도 이에 응하지 않았습니다. 개인 간의 법적 다툼에도 자신의 물건을 타인이 자기의 소유라 지속해서 주장하면 자신의 물건이 본인 소유이며 자기 것이라 주장하는 타인을 벌주기 위해서라도 법적인 판단 아래 명명백백히 사실관계를 따져 볼 것입니다. 그러나 한국은 단 한 번도 일본의 재판 청구에 응하지 않았습니다.

이는 자신의 영토임을 나타내는 증거가 미흡하거나 법정에서 패할 수 있다는 우려를 보이는 것으로 해석할 수 있습니다.

그래서 저희 팀은 오늘의 안건 '독도는 한국 땅이다'라는 주장에 역사적 증거 부족, 샌프란시스코 조약, 한국 정부의 무대응을 이유로 독도가 한국 땅이라는 주장에 반대하는 동시에 독도는 일본의 영토라고 주장합니다. 지금까지 제 의견을 들어 주셔서 감사합니다."

울릉도독도해양연구기지 김윤배 박사가 들려주는
독도 토론의 쟁점

울릉도 일정 중에 빼놓을 수 없는 것이 울릉도독도해양연구기지 방문이었다. 보통 울릉도에 가면 관광이 우선이지만 우리의 방문 목적은 독도 탐방이었기 때문이다. 해양연구기지의 김윤배 박사는 독도에 관해 다음과 같이 설명했다.

"독도는 울릉도의 부속도서로서, 역사적으로, 국제법적으로, 지리적으로 대한민국의 영토이며, 또한 우리나라 본토에서 가장 멀리 떨어진 섬으로서 대한민국 동해 해양영토의 출발점입니다.

하지만, 동해는 안타깝게도 국제수로기구 공식 지도에 따르면, 동해(East Sea)가 아닌 제주도 서쪽부터 한반도 남쪽 바다를 포함하여 동쪽 전부 다 'Japan sea'라고 표기되어 있습니다.

일본은 러일전쟁 과정에서 독도의 군사적 가치에 주목하여 1905년 독도를 일본 영토로 불법 편입하게 됩니다. 실제 일본 해군은 독도에 러시아 함정 감시를 위한 망루를 설치하고, 일본 해군을 주둔시키고, 또한 한반도 본토-울릉도-독도-일본 본토에 이르는 해저전선까지 설치하였습니다. 일본의 독도 침략은 일제강점기 이후에도 계속됩니다. 실제, 1953년 한해 무려 14차례에 걸쳐 독도에 불법 상륙하기도 합니다. 현재도 일주일에 3~4번 정도 독도 주변해역에 일본 순시선이 출현하고 있습니다.

일본은 독도가 한국령이라는 한국측 역사문헌 자료를 모두 부인하고 있습니다. 한국기록에서 독도라고 하는 섬은 독도가 아닌 울릉도이며, 심지어는 한국인들이 독도를 알지 못했다고 주장합니다. 그러나, 울릉도에서 맑은 날이면 독도가 보입니다. 일본에서 가장 가까운 오키섬에서는 결코 독도가 보이지 않습니다. 울릉도에서 독도가 보인다는 사실은 한국인들이 독도를 인지하고 있었다는 매우 중요한 사실입니다. 비록, 한국측의 기록 중에서 1906년 이전 기록에는 독도라고 부르는 기록은 없지만, 독도의 다른 이름인 석도, 우산도 등은 분명 독도의 다른 이름임에 분명합니다.

독도와 관련해서 우리가 반드시 알아야 할 사실은 독도를 일본에 빼앗길 경우, 단순히 독도만 빼앗기게 되는 것이 아닌, 독도로 인해 얻어지는 해양영토까지 빼앗긴다는 사실입니다. 그 해양영토는 남한 면적의 70%에 해당하는 매우 넓은 면적입니다. 눈에 보이는 독도는 작지만, 바닷속의 독도까지 고려하면 한라산보다 더 높은 독도를 만나게 됩니다. 눈에 보이지 않는 해양 영토의 가치를 인식해야 합니다. 우리가 알고 있는 메탄하이드레이트는 독도가 아닌 독도 주변 해역의 심해에 존재합니다. 또한 울릉도와 독도의 관계에도 주목해야 합니다. 우리의 많은 역사적 자료들은 독도가 울릉도의 부속섬이라는 관계에서 출발합니다. 일본이 가장 노리는 것 중의 하나가 독도는 울릉도와 별개의 섬이라는 관점의 확대입니다. 울릉도의 부속섬으로서 독도를 바라보는 시각이 필요합니다."

김윤배 박사의 강연 이후 질의응답 시간을 가졌다.

"1900년 고종황제 칙령 이전에 독도가 일본 땅인 증거가 있나요?"

"일본은 역사적, 국제법적으로 독도가 일본 영토라고 주장하고 있습니다. 대표적으로, 일본이 1779년에 발행한 〈개정일본여지노정전도〉를 사례로 들면서 독도를 1905년 이전부터 명확히 인지했고, 1618년부터 1693년까지 70여 년간 일본인들이 울릉도를 드나들면서 전복과 강치를 포획했고, 울릉도를 가는 과정에서 자연스럽게 독도를 드나들었다는 사실을 근거로 역사적으로 일본 영토라고 주장하고 있습니다. 하지만 일본 정부는 1877년 독도가 일본 영토가 아니라는 매우 주목할 만한 결정을 합니다. 일본 시마네현이 울릉도 외 1개 섬을 시마네현 관할 구역에 포함해야 하는지를 묻는 질의에 대해 일본 최고 국가 기관인 태정관은 울릉도 외 1도는 일본 영토가 아니라는 결정을 합니다. 이 명령의 부속 지도를 보면 현재의 울릉노 외 1도가 울릉도와 독도를 가리킴은 명확합니다."

"1905년 이전에 독도에 실제로 간 인물이 있었나요?"

"우리가 흔히 알고 있는 1693년 혹은 1696년의 안용복 사건으로 기억하는 안용복 일행 외에 조선 후기에 남해안 사람들이 울릉도 나무로 배를 건조하고, 미역 등을 채취하기 위해 울릉도에 건너오는데, 이들이 독도까지 건너갔다고 증언하고 있습니다. 실제 전남 강진으로 유배 간 다산 정약용 선생님의 〈탐진어가〉라는 작품에도 울릉도 얘기가 나옵니다. 특히 1882년 울릉도를 조사한 이규원 검찰사는 당시 140여 명의 조선인들을 울릉도에서 만났는데 대부분 거문도 등 남해안 출신이었습니다. 독도라고 부르는 이유도, 학자들은 돌을 독으로 불렀던 전라도 방언에서 유래했다고 제시하고 있습니다."

"일본이 독도를 일본 땅이라고 주장하는 핵심은 무엇일까요?"

"앞서 얘기한 것처럼 일본은 역사적으로, 국제법적으로 독도를 일본영토라고 주장하면서 나름 다양한 근거를 제시하고 있습니다. 하지만, 태정관 지령처럼 결정적 약점이 많습니다. 더불어 일본은 한국측 주장의 문제점을 조목조목 지적하고 있기도 합니다. 예컨대, 한국문헌에서 독도로 언급되는 우산도는 독도가 아니며, 한국이 1905년 이전에 독도를 점유했다는 구체적인 증거를 제시하지 못하고 있으며, 제2차 세계 대전 이후 독도를 일본 영토에서 제외시킨다는 연합국 총사령부의 문건에 대해서는 연합국 총사령부가 일본의 영토를 결정할 권한이 없다고 하는 주장을 합니다.

이러한 일본의 주장을 당연히 우리는 반박하고 있지만, 우리 측의 보다 심도 깊은 독도연구가 필요한 것도 사실입니다. 사실, 1882년 조선 고종의 명에 의해 울릉도를 검찰할 때 독도를 확인하라고 지시했음에도 독도를 검찰하지 않는 것은 매우 아쉬운 부분입니다. 또 일본 시마네현 고시에는 독도의 위치가 경도와 위도로 표시되어 있어 독도임을 명확히 알 수 있는데, 한국의 지도에는 이름만 표기되어 있어 아쉬운 부분이 있습니다. 더 많은 연구를 통하여 일본의 주장을 더 확실히 반박하고 이를 국제사회에 독도가 역사적으로, 국제법적으로, 지리적으로 대한민국의 영토임을 알릴 필요가 있습니다.

앞으로 각자의 전문적인 능력을 살려 독도에 대한 더 많은 자료를 발굴하고 더 심도 있게 연구할 필요가 있습니다. 저는 해양과학자로서 독도를 더 심도깊게 연구하고자 합니다. 그리고 다양한 학문 분야 간 융합을 통해 독도를 더 넓고 깊게 연구해야 한다고 생각합니다."

김윤배 박사가 독도에 관심을 두게 된 것은 20여 년전 독도에 대해 〈독도는 우리땅〉 노래 수준의 지식만을 알고 있을 때 어느 일본 학생과의 만남 이후라고 한다. 독도가 일본영토라고 자신있게 이야기하는 일본 학생 앞에 제대로 반박하지 못한 사실이 부끄러워, 독도를 관심 있게 바라보게 되었고, 그것이 계기가 되어 울릉도 주민으로까지 살게 되었고, 독도의 바다를 연구하는 학자가 되었다고 한다.

실제로 토론 수업에서 독도 관련 주제로 토론을 하면 참가 청소년들이 관련 자료가 난해하거나 부족하여 어려움을 겪는 것을 본다. 또 독도 수호의 필요성을 가슴으로 느끼지 못하는 것도 그 설득력에 영향을 끼친다. 독도를 실제로 방문해 본다면 말에 실리는 힘이 달리짐을 느낄 것이다. 방학마다 진행되는 해외 영어 여행이나 학습 여행보다 국가적으로 중요한 현안인 독도 탐방이 훨씬 영양가가 높다고 할 수 있다.

토론의 쟁점이 되는 독도의 장관.

독도 그 찬란한 땅을 밟아 봤니

독도 입도 전 독도에 5시간을 머물고 싶다는 요청을 보냈으나 배편 전편 만석에 독도 쿼터제 인원 제한으로 인해 독도 입도는 20분만 가능한 것이 현실이었다. 그것도 울릉도에서 독도를 향해 떠난 배 안에서 우리 모두는 거의 죽음이 될 만큼 극심한 배멀미에 시달렸다.

화장실 변기 앞에서 한 몸이 되었고, 배 안에 계신 일부 승객들도 화장실 문 앞에 아예 드러누워 버리셨다. 이런 심한 파도에서는 접안 시설도 없는 독도에 입도는 거의 불가능한 상태였다.

이 순간 할 수 있는 것은 기도밖에 없었다. 이렇게 열심히 기도해 본 적이 언제인지 떠올릴 시간도 없이 간절함으로 독도 상륙을 원하는 기도를 드렸다. 한참 기도하는데 파도가 좀 괜찮아진 것 같았고, 드디어 독도를 밟는 순간은 그야말로 감격에 가까웠다.

울릉도에서 독도의 거리는 87.4km인데 체류 시간은 단 20분이다. 그래서 예로부터 독도를 밟으려면 삼대가 복을 쌓아야 한다고 하는데 그 이유는 입도가 가능한 날이 1년에 며칠 안 되기 때문이다.

독도 바로 앞에서 배를 돌려야 하는 경우도 비일비재하다. 맨눈으로 입도가 불가능하다고 판단되면 입도 자체를 할 수가 없다. 입도를 위해 접안 시도를 했는데 실패하는 경우 선상 유람으로 대체한다는 방송이 배 안에서 여러 번 흘러나온다. 다행히도 우리는 그 아쉬움을 피한 셈이다. 방파제가 없는 독도에, 그것도 너울성 파도가 치는 상황에서 입도했다는 것은 기적에 가까웠다.

코끼리 바위에서 멋진 풍경도 감상하고 신라 시대 문무왕을 위해 지은 감은사에 새겨진 것과 같은 태극무늬 조각상도 살펴보았다. 또 독도를 지키는 독도 경비 대원이 친절하게 알려 준 덕분에 멋진 사진 촬영 포인트도 찾을 수 있었다. 그때 어디선가 애잔한 소리가 들렸다.

"독도야! 그동안 얼마나 힘들었니? 혼자 있느라 얼마나 고생이 많았니?"

함께 독도에 상륙한 한 어르신이 독도를 쓰다듬으면서 말씀하시는데 괜히 가슴이 뭉클했다. 아마 우리의 여정이 절대 쉽지 않았기 때문일 것이다. 1년여 전부터 준비를 시작해서 단체 배편 구하고, 독도 상륙 신청하고, 울릉도 일정 짜고, 울릉도 부군수, 울릉도독도해양연구기지 박사와의 인터뷰를 잡는 등 일정 준비에 여러 어려움을 이겨 내야 했다. 하지만 글로 다 전달하지 못할 정도로 독도 체험은 생생했다. 독도 그 찬란한 땅

을 밟은 감동은 우리에게 나라 사랑에 대해 애잔함과 애틋함을
주기에 충분했다.

독도, 그 찬란한 섬.

독도 박물관을 하늘에서 찍은 사진.
박물관의 모양의 오른편에
선을 더하면 우리나라 지형이 된다.

독도에서 주어진 20분 안에 독도를 온 마음에 담는다.

[경주] 팀별 자립 훈련

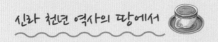신라 천년 역사의 땅에서

국립경주박물관

몇 해 전부터 청소년들의 한국사에 대한 이해를 돕고자 다양한 역사적 명소를 탐방하기 시작했다.

구석기 시대를 이해하기 위해서는 강화도 고인돌, 전북 고창의 고인돌 유적지, 강원도 양양의 오산리선사유적박물관을 찾아 그들의 생활과 문화를 탐색했다. 신석기 시대를 이해하기 위해서는 암사동 유적지를 찾았다. 삼국 시대의 고구려와 백제를 이해하기 위해서는 충주와 부여를 여행했다. 그리고 마침내 신라 천년의 역사를 만나기 위해 경주로 발길을 돌렸다.

경주 여행을 준비하며 관련 도서를 미리 읽어오도록 했다. 체험 학습 관련 도서, 역사책 등을 다양하게 읽어 온 덕분에 다채롭게 이야기를 나눌 수 있었다. 이를 바탕으로 국립경주박물관에서는 팀별로 체험하면서 박물관에서 배워야 할 모든 것을 퀴즈를 출제하고 답을 찾아가는 과정으로 진행했다.

아이들은 스스로 퀴즈 문제 출제위원이 되었고 다음과 같은 질문을 던졌다.

"고조선에서 신라 성립까지의 과정을 설명하세요."

"구석기, 신석기를 지나 청동기 시대에 고조선이 건국되고, 철기 문화가 보급되면서 부여, 옥저, 동예, 마한, 진한, 변한 시대가 되었어요. 이때 진한의 열두 나라 가운데 여섯 나라가 힘을 합쳐 박혁거세를 왕으로 추대하면서 건국된 국가가 신라입니다."

"신라 시대 왕의 이름과 뜻을 설명하세요."

"박혁거세 때는 거서간, 2대왕 남해왕 때는 무당을 뜻하는 차차웅, 3대 유리왕 때는 이사금이라고 왕의 이름을 불렀어요. 이사금은 '이가 많은 연장자'라는 뜻으로, 이사금 때 신라는 박, 석, 김 씨의 집안이 왕위를 차지했지요. 17대 눌지왕 때 마립간으로 호칭이 바뀌었는데, '왕 중의 왕'이라는 뜻이에요. 드디어 지증왕 때에 비로소 왕이라는 호칭이 사용되었다고 해요."

일찍이 다산 정약용은 '익히는' 것이 아니라 '익혀지는' 것이 진정한 공부라 하였다. 아이들이 낑낑대면서 대결을 벌인 질문들은 사실 그리 특별한 내용은 아니다. 하지만 스스로 문제를 내고, 이에 답하는 재미를 통해 익힌 내용은 신라에 대한, 나아가 공부에 대한 이해도를 훌쩍 높여 주었을 것이다.

세계유산 석굴암 석굴

경주를 대표하는 유적지와 유물이라고 하면 석굴암 석굴과 불국사가 떠오르기 마련이다. 우리는 건축, 수리, 기하학, 종교, 예술적 가치와 독특한 건축미를 인정받아 불국사와 함께

1995년 유네스코가 지정한 세계유산인 석굴암 석굴을 찾아가기로 했다. 그러면서 해설사의 설명을 듣기보다 능동적으로 말하는 학습을 위해 아이들에게 세 가지 질문을 던졌다.

"석굴암 석굴에 대한 세 가지 질문에 답을 찾는 것이 오늘의 과제예요. 첫째, 석굴암 석굴은 왜 세계유산일까요? 둘째, 석굴암 석굴의 과학적인 원리가 무엇인가요? 셋째, 왜 신라인들은 석굴암 석굴을 산기슭에 만들었을까요? 서로 논의하면서 답을 찾아보세요."

아이들은 경주에 오면서 준비한 책과 자료를 분주히 뒤적거리거나, 문화 해설사의 설명을 신청하러 안내소로 달려가거나, 석굴암 석굴 앞에서 한참을 들여다보며 그렇게 천년이 넘은 건축물을 서서히 내면화하고 있었다.

한참 후 아이들은 다음과 같은 답변을 내놓았다.

"석굴암 석굴이 왜 세계유산인지에 답을 하려고 해요. 인도나 중국의 돌들은 조각이 쉬운 석질이지만, 석굴암 석굴은 단단한 화강암으로 석굴을 파고 본존불을 만들었기 때문에 독보적인 가치의 불상이 되었다고 해요. 또 과학적인 설계의 원리도 세계유산으로서의 가치에 큰 역할을 한다고 해요."

"석굴암 석굴의 과학적 원리에 대해 답하려고 해요. 석굴암 석굴 아래에는 감로수라고 하는 물이 흐르고 있는데, 이 물을 만지면 손이 차가울 정도로 평소에도 12도의 온도를 유지하고 있어요. 이렇게 감로수는 석굴암 석굴 바닥의 온도를 낮추어서 석굴암 석굴의 습기를 잡아주는 천연 에어컨 역할을 하고 있어요. 또 본존불상 뒤의 후광인 광배가 사람의 키에 따라 달리 보이기도 해요. 게다가 굴을 건축한 다음 본존불을 넣는 것이 일반적인 순서인데, 신라인들은 반대로 본존불을 먼저 위치시킨 다음 석굴암 석굴을 완성했다고 해요. 신라 시대의 건축 기술과 그 자신감은 지금까지도 아직 연구되지 못한 부분이 남아 있을 정도이기 때문에 석굴암 석굴은 과학적인 원리로 건축된 것이에요."

"석굴암 석굴을 신라인들이 왜 산기슭에 만들었을지 답해 보려고 해요. 석굴암 석굴이 위치한 장소는 단단한 화강암으로 이루어져 있어서 건축과 조각이 중국과 인도와 비교하면 훨씬 어려웠다고 해요. 그런데도 굳이 이 산기슭에 건축한 이유는 당시 신라를 침범하는 왜구로부터 자유로운 장소에 부처를 위치시킴으로써 신라를 지켜 달라는 간절한 마음의 표현이었다고 해요."

'능동적으로' 답을 찾아다니면서 아이들은 구체적인 지식에 목마른 상태이다. 이 순간에 체계적인 설명을 접하게 되면 그야말로 스펀지처럼 빨아들일 수 있어서 석굴암 석굴의 과학적 원리를 보여 수는 신라역사과학관으로 이동했다.

이곳에서는 석굴암 석굴 내부를 그대로 실현한 모형을 만날 수 있어서 밖에서 알 수 없던 석굴암 석굴 내부 모습과 세부 사항을 관찰할 수 있다. 본존불 뒤 아래쪽에 12지신상으로 석가의 제자를 묘사했는데, 그 위쪽 감실에 쑥 들어간 불상 뒷부분은 환기구 역할을 한다.

또 돌을 쌓아 올린 돔 부분에 쐐기돌을 박아 두어서, 밖에서는 그저 튀어나온 돌처럼 보이지만 안에서는 갈고리처럼 돔을 지탱하는 것을 깨달은 아이들이 탄성을 내지른다. 옆에서 지켜보는 사람으로서는 이 소리가 예사롭게 들리지 않는다. 해설사의 설명을 듣거나 수동적인 학습을 할 때는 좀처럼 볼 수 없는 반응이기 때문이다.

모름지기 모든 학습은 학생의 능동적 참여가 중요하다. 아이들에게 무턱대고 학문의 체계를 들이밀지 말자. 수동적인 산술 급수적 성상에 성급해하지 말자. 아이들의 능동성을 끌어낼 스위치를 찾고, 이를 위해 다양한 재미와 동기 부여 방법을 찾아내는 것이 교육의 길이다. 그 과정에서 시행착오를 겪으며 시간이 걸리더라도 괜찮다. 언젠가 그 마음이 열린 다음에는 그야말로 기하급수적인 성장의 발판이 마련되는 것이다. 흠뻑 빨아들이도록 스펀지를 말리는 동안에는 어쭙잖은 물뿌리개를 한쪽에 치워 두어야 할 것이다.

세계유산 석굴암 석굴 방문 기념으로

첨성대

석굴암 석굴 관찰 이후 우리의 여정은 첨성대로 이어졌다.

벌써 몇 번째 경주에 와 본 아이도 있고, 책으로도 수없이 만나 본 유적과 유물이니 크게 신기할 것이 있으랴만 그 안에 담긴 과학적 원리와 당시 신라의 문화를 이해하려고 하는 아이들의 마음 밭이 새로워지면서 이 첨성대는 예전의 첨성대와 다른 존재가 되었다.

첨성대는 1350여 년 전인 선덕여왕 때 세워졌다. 지진에도 무너지지 않은 첨성대는 과학적으로 설계의 비밀이 담겨 있다. 첨성대는 만들 때부터 바닥을 깊게 파고 안에는 모래와 자갈을 넣어서 충격을 흡수하도록 설계되어 있다. 첨성대의 돌은 바깥 면은 반듯하게 깎였지만, 안쪽은 울퉁불퉁한 면을 그대로 살려서 돌이 내부의 흙과 서로 맞물려 힘의 균형을 이루어 쉽게 무너지지 않도록 설계되었다.

또 네모난 돌로 서로 잇대어 동그라미에 가까운 모습이 되도록 쌓아 놓았는데 음력 1년 날수인 361개의 돌을 12개월과 24절기에 맞추어 27단으로 쌓았다는 것은 매우 놀라운 일이다.

첨성대는 밤에 비추는 조명 빛으로 인해 여러 옷을 갈아입는다.

세계유산 불국사

　석굴암과 가까운 거리에 또 하나의 중요한 유적지 불국사가 있다. 이제 경주 여행에 참가한 친구들은 스스로 학습하는 방법을 본격적으로 활용하기 시작한다.

　"불국에는 무슨 의미가 있을까요?"

　"부처의 세계로 들어간다는 뜻이에요."

　"불국사의 건축적 가치는 무엇인가요?"

　"불국사는 전체적인 구조가 석가탑과 다보탑이, 좌경루와 범영루가, 간결함과 장엄함이 대칭을 이루는 구조예요."

　"석가탑의 별명이 있는데 무영(無影)탑이라고도 합니다. 이에 얽힌 이야기를 어떻게 알고 있나요?"

　"김대성이 불국사를 지을 때 아사달을 불러 석가탑을 만들게 했어요. 그런데 몇 해가 지나도 아사달이 오지 않자 아내인 아사녀가 불국사로 찾아왔지만 만나지 못했어요. 이를 안타까워한 스님이 석탑이 완성되면 영지라는 연못에 그림자가 비칠 것이니 그곳에 가서 기다리라고 했다고 해요. 하지만 아무리 기다려도 영지에 탑은 비추지 않고, 심지어 아사달이 신라 공주와 결혼한다는 소문이 들리자 아사녀는 결국 연못에 뛰어들었어요. 석가탑 완공 후에 아사달이 와서 보니 연못에 돌이 하나 올라와 있어서 그 돌에 아사녀를 조각했더니 부처님의 얼굴이 보이는 불상이 되었다고 해요. 그 후에 아사달도 결국 연못에 뛰어들었다지요. 그래서 석가탑은 그림자가 없는 탑이라 하여 무영탑이라고도 불리게 되었다고 해요."

　"아니, 아내가 보러 오면 만날 수도 있잖아요. 김대성이 못

보게 한 건가요? 아사달이 스스로 안 본 건가요?"

"현진건의 소설 '무영탑'을 보면 자세한 이야기가 나오는데, 아무래도 원래 설화보단 각색된 내용이 있을 것 같아요. 설화란 것이 계속 변하게 마련이니 우리가 지금 해석하기 나름이겠지요?"

"몸과 마음을 다해서 탑을 건축해야 하는데 불교 문화의 특성상 여성을 가까이하지 않아야 최대한 몸이 정결하게 된다고 생각했던 거 같아요."

"제 생각엔 아사달은 뛰어난 석공이었지만 결국 '워라밸'(Work and Life Balance)을 알지 못했던 것 같아요. 일도 좋고 사명 의식도 좋지만, 아내가 너무 힘들다 보니 결국 둘 다 비극적으로 죽었잖아요. 아내와 함께 지내면서 일에 집중할 방법을 어떻게든 찾았으면 좋았을 거 같아요."

"듣고 보니 정말 그렇네요. 아마도 불교 설화의 특성상 모든 삶을 바쳐서 부처를 이루는 그런 숭고함을 교훈으로 주려고 했을 거예요. 그러니까 기본적으로 워라밸의 미덕은 찾아보기 어렵겠지요."

"그럼 평생을 바쳐서 위대한 일을 하는 거랑 워라밸을 살리면서 행복하게 사는 거랑 어떤 것이 더 가치 있는 삶일까요?"

한껏 열린 마음으로 아이들

한여름의 불국사는 고즈넉하며 신라 천년의 숨결을 느끼게 해 준다.

의 입담은 쉴 새가 없다. 신라에서 시작해서 인생으로 이어진
이야기는 밤이 깊어지고 한둘 쓰러지기 시작하면서야 비로소
잦아들었다.

국보 제20호인 경주 불국사 다보탑.
일제 강점기를 거치며 많이 훼손되었다.

국보 제 21호인 경주 불국사 석가탑.
일명 무영탑이라고 불린다.

태종 무열왕능과 김유신 묘

이른 아침 묘와 능, 고분이라 불리는 무덤을 찾아 떠난다. 스스로 과제를 해결해야 하므로 언제나처럼 지식과 정보를 알려주지 않는다. 어떤 것을 조사하고 무엇을 배우고 어떤 통찰을 끌어내야 하는지를 각자 알아서 해야 한다. 이해한 만큼만 보이고, 연결한 만큼만 기억나며, 자신의 재해석으로 통찰한 만큼만 응용할 수 있다.

아이들은 김춘추와 김유신의 이야기에 주목했다. 김춘추가 당시 신라의 골품제도에서 성골이 아닌 진골 출신으로 왕이 된 첫 인물이라는 점이 흥미를 끈 모양이다. 성골이란 거룩한 뼈를 가진 사람이라는 의미였으니, 인간의 뼈에 등급을 매긴 셈이다. 아이들이 시끌벅적해진다.

"이건 완전 금수저가 아니라 다이아몬드 수저네!"

진골 출신 김춘추를 왕으로 추대한 인물이 바로 김유신 장군이다. 김유신의 첫째 여동생 보희가 둘째 문희에게 꿈을 팔고 그렇게 문희가 김춘추의 아내가 되었다는 설화는 유명하다. 모든 설화에는 만들어 낸 의도가 있을 텐데 왜 이런 이야기를 만들어 냈을까?

"아마도 진골 출신으로 왕이 된 김춘추가 성골 출신이 아니어서 부담스러웠던 건 아닐까요. 그래서 자신이 왕이 될 운명이었다는 걸 강조하려고 그런 이야기를 만들어 낸 거 같아요."

"아주 좋은 해석이네요. 그렇다면 김유신은 왜 스스로 왕이 되려고 하지 않았을까요? 신라의 영웅이기도 했고, 김춘추보다 아홉 살이나 더 많았는데요."

"김유신은 가야 왕족 출신이라 신라에서 차별을 많이 받았다고 해요. 아마 왕이 되고 싶지 않은 것이 아니라, 되려고 해도 너무 반발이 클까 봐 못한 건 아닐까요?"

"맞아요. 진골이 왕이 되는 것도 반발이 있었겠지만, 김유신이 왕이 되는 것보다는 훨씬 적었을 거 같아요."

"그래도 사후이기는 해도 결국 왕의 시호를 받았잖아요. 누군가를 왕으로 세우는 일도 왕 만큼 가치가 있다는 걸 보여 주는 예시가 되지 않을까요?"

"죽은 다음에 왕 되는 건 별로인 거 같은데…."

"김유신과 천관녀의 이야기는 어떤가요? 말의 목을 베었던 결단에 대해서는 어떻게 생각해요?"

"요즘으로 생각하면 학원 안 가고 여자친구 사귀어서 피시방, 코인노래방 다닌 거 같아요."

"술 취해서 말이 가는 걸 몰랐으니까, 말하자면 음주운전 후에 자동차 폐기해 버린 거 아닌가요."

"물론 그런 잘못이 있긴 한데, 자기가 절제하려고 하는 것 앞에서 그런 정도의 결단은 있어야 약속을 지킬 수 있을 것 같아요."

진평왕부터 문무왕까지 80년 동안 5명의 신라왕을 섬기며, 수많은 전장을 뚫고 나와 삼국을 통일하며 천하를 호령했던 태대각간 김유신 장군이 오늘날 아이들의 입방아에 혼도 나고 칭찬도 받고 계신 걸 보니 우습기도 하고 묘한 기분이 든다.

백제의 5천 결사대 vs 김춘추와 김유신의 5만 군사

태종 무열왕릉과 김유신의 묘 앞에서 백제의 5천 결사대, 김춘추와 김유신의 5만 군사가 서로 불꽃 튀는 대결을 벌이는 장면을 떠올려 보았다.

나당 연합군의 공격 앞에서 백제는 계백장군이 5천 명의 결사대와 함께 최후의 결전에 임한다. 황산벌의 이 전투에 앞서 계백장군은 나라의 종말을 예감했는지 자신의 가족들을 모두 죽이고 전장에 나선다. 죽기 살기로 싸우는 백제의 군대에 맞서서 신라는 좀처럼 백제의 군세를 꺾지 못했다. 김유신은 아마도 이 싸움에서 그 옛날 한신이 배수의 진을 칠 때처럼 죽기를 각오한 군대의 위엄을 처절하게 맛보고 있었을 터였다.

김유신에게는 이 상황을 타개할 하나의 비책이 필요했다. 때마침 화랑으로서 이 전투에 나섰던 관창이 적장과의 결투에서 졌다. 백제의 장군은 어린 관창에 측은지심을 느껴 살려 주었지만, 관창은 끝내 항전하며 목숨을 다하였다. 관창의 혈기 어린 희생을 목도한 신라군은 기세가 올라 마침내 황산벌의 전투를 승리로 마감할 수 있었다.

5천 명의 군사로 5만 명의 군사를 막아 낸 백제군의 용맹함과 결사 항전의 의지도 본받을 만하지만, 관창을 앞세워 신라군의 사기를 끌어 올린 신라 장군의 처절하지만 날카로운 계략도 다시 한번 되씹어 볼 만한 일이다.

안시성

조인성 주연, 김광식 감독으로 개봉된 영화 〈안시성〉을 아는가? 7세기 삼국 시대를 배경으로 영화는 고구려가 신라에 한강을 빼앗기고 당 태종 이세민에 의해 고구려성들이 하나둘 빼앗기던 상황 속에서 시작된다. 이때 고구려는 연개소문이 고구려 왕을 죽이고 쿠데타를 일으켜서 행정과 군사를 통합해서 통치하는 대막리지라는 위치를 차지한 내우외환의 상황이었다.

그 시대적 배경 속에서 고구려의 안시성이란 작은 성을 지킨 성주의 이야기가 영화의 내용이다. 영화는 그 성주의 이름이 '양만춘'이라고 소개하지만, 영화 속 인물들은 양만춘을 성주라고 부른다. 양만춘의 이름이 역사 속에서 정확히 기록되어 전해지지 않고 있기 때문이다. 그런데 역사에 기록조차 제대로 되지 않은 안시성 전투를 영화로 제작한 이유가 무엇일까?

수십만의 당나라 군대를 고작 5천 명의 병사로 88일 동안 안시성을 지켜 낸 안시성 사람들의 비밀은 무엇일까? 동아시아 최대의 전투로 평가되는 안시성 전투는 계백 장군이 5천 명의 백제 결사대와 5만 명의 김춘추와 김유신이 이끄는 신라 결사대의 전투를 떠올리게 한다.

두 전투를 비교해 볼 때 같은 5천 명의 작은 군사로 몇 배가 넘는 적군과의 전투는 같은데 왜 안시성은 지켜졌고 백제는 무너졌을까? 〈안시성〉 영화에는 다음과 같은 장면이 등장한다. 전투를 앞두고 안시성 성주 양만춘은 병사들을 돌아보고 다음과 같이 외친다.

"자, 뒤를 돌아보라. 우리를 믿고 기다리는 안시성의 백성들을 기억하라. 우리에게 소중한 저들을 지키기 위해 목숨을 걸고 싸우자."

그와 달리 형제를 죽이고 쿠데타를 일으켜서 왕이 된 당 태종은 병사들에게 다음과 같이 외친다.

"자 너희들에게 지금부터 안시성의 약탈을 허용한다. 저들의 재물을 빼앗고 저들의 아이들을 노예로 삼고 저들의 여자를 겁탈하는 것을 허락한다."

소중한 일상을 지키기 위해 목숨을 건 5천 명의 병사와 약탈과 노예와 겁탈을 위해 목숨을 건 수십만 명의 당의 군사들의 전투는 안시성의 승리로 마무리된다. 안시성 사람들 승전의 비밀은 무엇일까? 그들은 당의 군대와 싸우는 목적이 달랐다. 백제의 5천 결사대가 지키려고 했던 것도 바로 그 소중한 일상이었다.

안시성 전투 중에 눈에 화살을 맞고 당나라로 돌아간 당 태종 이세민은 다음과 같은 유언을 남겼다고 한다.

"다시는 고구려를 침략하지 마라."

선두에서 중요한 것은 군사나 무기만이 아니다. 진정한 전투의 승리 비법은 무엇을 위해 싸워야 하냐는 전투의 목적에 있다.

대릉원 천마총

신라의 무덤을 부르는 명칭은 다양하다. 김유신의 묘와 달리 태종 무열왕의 무덤은 '능'이라고 부른다. 능은 왕의 무덤을 부르는 말이다. 김유신은 왕이 아니라서 그의 무덤을 '묘'라고 부른다. 두 무덤과 달리 무덤의 주인을 모르는 무덤은 '고분'이라고 부른다. 주인을 모르는 무덤에서 가치 있는 유물이 나오면 천마총처럼 '총'이 된다.

신라인들은 죽어서도 살아있는 것처럼 어마어마한 권력을 누리고 싶어 했다. 그래서 무덤을 만들었으며 그 무덤을 묘, 능, 고분, 총이라고 다양하게 불렀다. 신라인들의 무덤 중 이름이 없는 무덤을 고분이라고 할 때 신라의 고분 155개 중 가치 있는 유물이 발견된 곳을 총이라고 부른다. 유일하게 대릉원에 있는 고분 중 천마총만 내부를 관람할 수 있도록 대중에게 공개되었다.

천마총에서는 하늘을 나는 말인 천마도와 금관 그리고 1,500여 년 된 달걀 등이 발견되었다고 한다. 천마총에서 발견된 달걀은 풍요와 다산의 상징이 되기도 한다.

대릉원에는 미추왕릉도 있다. 이곳 천마총이 있는 대릉원은 미추왕의 장사를 치른 곳이기도 하다. 경주 일대 황남동에서 발견된 황남대총 고분이 대릉원에 있다. 대릉원 이곳은 다시 말해 신라 시대 왕가들의 가족 공동묘지인 곳이고, 이곳에 묻힌 유물들로 인해 신라인들의 타임캡슐이 있는 곳이기도 하다.

미추왕에게도 전설이 있다. 미추왕이 죽고 지금 청도 지역의 소국인 이서국이 신라를 공격해서 신라가 위기에 몰렸을 때 어디선가 귀에 대나무 잎을 꽂은 병사들이 나타나서 신라는 위기를 모면하게 되었다. 그 후 미추왕 능 앞에 수많은 대나무 잎이 쌓여 있는 것을 보고 신라인들은 백성을 사랑한 미추왕이 죽어서도 백성을 구한 것이라고 믿고 있다고 한다.

"아, 엄마 잔소리 안 들으니까 좋다!"

한참 경주 여행이 진행되는 중에 퀴즈 대회를 준비하던 아이가 생뚱맞게 내뱉은 말이다. 여기서 흥미로운 점은 그저 놀다가 노는 게 좋아서 나온 말이 아니라는 것이다. 여기저기 책이나 자료를 뒤지면서 '학습'을 하던 중에 무심코 튀어나온 건데 하필 여기서 왜 엄마 잔소리 이야기가 나올까? 시켜서 마지못해 공부할 때와 지금의 능동적인 공부가 비교되면서 한 말이 아니겠는가.

"몸 편하기는 가족여행이 최고긴 하죠. 그리고 인터넷 찾아 보면 이런 내용은 다 찾아볼 수 있으니까 굳이 경주에 올 필요 는 없다고 생각했어요. 그런데 와서 보니까 전혀 다르더라고 요. 직접 찾아보고 문제를 만들고, 그리고 친구들 상상력을 더 해서 서로 대화하면서 공부하니까 신라 역사나 경주 유적이 완 전 새롭게 느껴져요."

"저도 경주 여행 엄청 많이 왔거든요. 그때는 그냥 둘러보고 사진만 찍고 가서 별 기억이 없었는데 여행은 진짜 이렇게 해 야 하는 거구나 생각이 들어요."

메타인지를 키우는 경주 여행

아주대학교 심리학과 김경일 교수는 메타인지를 다음과 같 이 설명한다.

우리는 내 생각인 인지를 바라보는 그 위에 있는 눈을 메타인지라고 부 른다. 이 메타인지는 무언가를 잘 해내고 있는 사람과 그렇지 못한 사람들 과의 차이를 잘 구분해 주고 있다. 지식에는 두 가지가 있다. 하나는 내가 무언가를 알고 있다는 느낌은 있으나 설명할 수 없는 지식이고, 다른 하나 는 내가 알고 있다는 느낌과 함께 남들에게 설명할 수 있는 지식을 말한다. 첫 번째 내가 알고 있으나 설명할 수 없는 지식은 내가 나에게 속고 있는 것이다. 메타인지는 내가 아는 것과 모르는 것을 구분할 수 있는 힘이며 이 메타인지를 향상 시키는 것은 매우 중요한 일이다.

많은 한국의 청소년들이 체험학습이나 여행을 떠나서 듣기 위주의 수업과 학습을 이어 간다. 이때 우리는 알고 있다고 생각하지만 막상 그것을 설명해 보라고 하면 많은 청소년들이 어려워한다. 이는 곧 안다고 착각하고 정확하게 알지 못하는 것이다. 이번 경주 여행에서 우리가 추구하는 가치는 바로 이 메타인지를 높이는 여행을 하는 것이다.

메타인지가 높은 학습자는 학업 성취도가 높다. 아는 것과 모르는 것을 구분해서 모르는 것에 집중하여 학습하기 때문이다. 이를 위한 유용한 수단 중 하나가 '입장바꾸기'이다. 흔히 말하는 '선생님 놀이', 또는 '출제자의 의도를 파악하기'가 여기에 해당한다.

설명을 들으며 이해하는 학습자의 입장을 떠나 반대로 설명하고 출제하면서 스스로 모호한 부분을 찾아가는 것이다. 경주 여행에서 훈련하는 '말하는 체험 학습의 원리'가 바로 이것이다. 아이들은 자신이 본 것, 읽고 들은 것을 자기 말로 표현하도록 끊임없이 발표하는 과정을 거치고 있다.

여기에는 또 다른 보너스가 있는데 유적 자료에 포함된 수많은 한자어와 전문 용어를 아이들이 체화할 수 있다는 점이다. 타인에게 설명하려면 자신이 그 용어를 이해하고 숙달해야 한다. 갈수록 심화하는 고등학교 국어 교과는 한자에 대한 이해를 요구하는데 실제로는 수학이나 과학, 영어 등 여러 우선순위에 밀린다.

또 게임과 영상에 몰두하면서 여가를 보내는 아이들은 고급 어휘와 한자어를 익힐 기회가 갈수록 적어진다. 고급 개념을 함축한 어휘를 두루 익히고 활용하도록 아이들을 다양한 상황에 노출해야 할 이유는 단지 입시 때문만은 아니다.

바다에 묻어 달라던 문무대왕의 유언

신라인들의 무덤에 대한 탐구를 이어가기 위해서 천마총과 미추왕릉이 있는 대릉원, 그리고 문무대왕릉이라 칭하는 대왕암을 찾았다. 아이들이 조사해 온 바에 따르면 서라벌이라는 이름은 철기시대 쇠를 만드는 곳의 명칭이었다. 따라서 신라인들은 쇠나 금을 곧 강력한 권력의 상징으로 여겼다. 금 그릇, 금관, 금목걸이나 금팔찌 등의 장신구 유물이 많이 발견되는 이유다. 그 권력에 비례하는 크기의 능과 여러 가지 화려한 껴묻거리, 거기다 살아있는 노예를 함께 순장시키는 풍습은 우리에게 고고학적으로 커다란 의미가 있다.

하지만 그들 자신에게 그들이 가진 권력이란 어떤 의미가 있었을까? 한편으로 그들에게 권력은 살아서는 소중하지만, 죽음을 앞두면 의미가 사라지는 것들이 될 수도 있다. 또 살아서는 그 가치를 미처 다 알지 못했지만, 죽음을 직전에 두고는 간절히 바라는 것들이 될 수도 있다.

그래서 혹자는 죽음이 모든 가치의 판별식이라고 하지 않던가. 이 거대한 능과 화려한 유물들, 자신 때문에 죽게 되는 수많은 노예 등 이 모든 권력의 산물로 인해 한 개인의 삶의 의미가 뒤바뀌는 순간에, 죽음을 앞둔 이들은 과연 어떤 생각을 가지고 죽음을 맞이했을까?

문무왕은 그 안에 숨어 있는 불안감과 허망함을 간파했던 것 같다. 아이들과 함께 이은석의 저서 《신라, 천 년의 왕국을 찾

아서 경주 역사 유적 지구》에서 문무왕의 유언을 읽으면서 그
의 고상한 기품과 가치관을 가늠해 보았다.

어지러운 세상과 전쟁의 시대를 만나
서쪽을 무찌르고 북쪽을 오령하여
나라의 안정을 얻었다.
무기를 녹여 농기구를 만들고
세금을 가볍게 하고
부역을 덜어 백성들의 생활을 안정시켰으며
이 나라에 근심과 걱정을 없애고
창고에는 곡식이 산처럼 쌓이게 되었다.

그러나 이제 병을 얻어
곧 죽게 되었으니
가고 나면 내 이름만 남아 있겠지.
나랏일은 한시라도 주인이 없으면 안 될 것이니
태자는 곧 왕위를 잇도록 하라.
영웅과 같은 옛 왕은
마침내 한 줌의 흙으로 돌아간다.

목동들이 올라가 노래하거나
여우와 토끼가 구멍을 뚫으니
무덤이란 것은 한갓 재물 허비일 뿐
도리어 역사책에 비난거리로 남을지 모른다.
그러니 사람들을 헛되이 고생시키고

영혼도 머물게 못할 것이다.

이는 내가 원하는 바가 아니니

죽은 지 10일 뒤에 화장하고

상을 치를 때는 검소하게 하라

백성에게 걷는 세금 중에

필요치 않은 것은 모두 없애고

율령과 격식에 불편한 것이 있으면

곧 고쳐서 시행하라.

수천 년이 흐른 뒤에도 문무대왕의 마음이 절절히 느껴지는 문무대왕릉.

경주 양남 주상절리

주상절리는 기둥 주(柱), 모양 상(狀), 마디 절(節), 즉 마디
로 이루어져 기둥 모양을 한 돌이다. 이 돌 중 현무암에 구멍이
뚫리지 않은 주상절리는 전 세계에서 영국과 호주 그리고 한국
의 경주 양남에만 있다고 한다. 더군다나 부채꼴 모양의 주상
절리는 그 심미적, 학술 가치가 매우 높다. 아이들은 주상절리

253

를 주상젤리라며 말장난을 치지만, 절리의 형성 과정은 수많은 통찰을 끌어낼 수 있는 매우 심오한 주제다.

주상절리와 관련한 물리적 현상을 깊은 통찰과 철학으로 연결해 주고 싶어서 아이들에게 삶과 연결해 보라고 했다. 우리 인생의 일면을 주상절리의 원리로 비유할 만한 것이 무엇이 있는지 생각해 보라고 했다. 처음에는 매우 힘들어하면서, 아예 무얼 하라는 건지도 모르겠단다. 습관처럼 검색하던 스마트폰을 빼앗긴 상태에서 그저 주상절리를 바라보면서 멍하니 있다. 여기서부터는 교재나 인터넷에 실리지 않은 영역인 것이다.

그러나 실제로는 필사적으로 그 원리를 곱씹으며 무엇인가 연결하려고 애쓰는 시간이 필요하다. 이제껏 외우는 데에만 익숙했던 두뇌 구조에, 의미 부여와 통섭을 훈련하는 과정이다.

사실 짧은 인생으로는 그럴듯한 연결고리를 찾기는 쉽지 않을 것이다. 그러나 한참 동안 골몰한 후에는, 보잘것없는 이야기에도 요란스러운 탄성과 박수가 터진다. 기발하고 엉뚱한 상상력이 여기저기 튀어나오다가 갑자기 방향성이 잡히기도 한다. 그러다 보면 결국 하나의 이야기로 완성되는 것이다.

"가령, 여기 주체할 수 없는 열정을 지닌 청년(마그마)이 있다고 하자. 벌써 표정에서 활활 타오르는 내면이 보이지. 못 해낼일이 없을 것 같아. 처음에는 그 열정으로 세상을 변화시킬 수 있을 것처럼 보일 정도야. 그러나 세상이 그를 받아들이기엔 너무 미지근해서, 결국엔 그도 딱딱해져서 싸늘해지고 말았단다. (외부가 암석화된다) 그가 세상을 변화시킨 것이 아니라, 세상이 그를 변화시키고 만 거지. 숨겨진 열정(내부의 마그마)은 어떻게든 예전으로 돌아가려 하지만, 이미 적응해 버린 삶(암석화된 외부)은 그의 이상을 '수축시킬' 뿐이야. 이 과정이 반복될수록, 그의 표정엔 주름(절리)이 늘어가는 거지. 이렇게 해서 주상절리는 우리네 할아버지 할머니를 닮아 온 거야."

"네 생각이 맞아. 아빠 엄마도, 그리고 언젠가는 우리도 굳어지고 미지근해지고 갈라지겠지. 그걸 생각하면, 한때의 뜨거운 열정도 다 부질없어 보여. 누군가는 남을 믿거나 의지하지 말고, 오직 스스로 강해지는 수밖에 없다고 해. 하지만 중력이 세로 방향의 절리를 막아 준 것처럼, 그리고 주상절리가 중력을 거절하지 않은 것처럼, 세상엔 우리를 지탱해 주는 무언가가 분명히 있어.

누군가는 그걸 가족이나 인연이라고 하고, 누군가는 신의 도움이나 섭리라고 해. 분명한 건 의지와 노력으로만 우리가 지탱되는 건 아니라는 거야. 혹시 겸손하게 이 도움을 받아들일수록, 우리 얼굴에 자연스럽고 아름다운 절리가 새겨지는 건 아닐까? 그렇다면 설령 한때라고 해도, 무섭게 타오르는 열정도 분명히 가져볼 만한 거야. 작열하는 한낮의 태양을 지나야만 은은한 노을을 볼 수 있는 것처럼, 철없는 열정을 불태우던 존재만이 곱게 빛나는 절리를 갖게 되겠지. 그때에는 주상젤리라고 놀려대는 개구쟁이를 흐뭇하게 지켜보며, 앞날을 묵묵히 축복해줄 수 있을 거야."

어쩌다 보니 이야기 형식이 되고 말았지만, 모든 공부는 이렇게 삶과 연결하는 의미 부여가 필요하다. 역사 과목을 예로 들어보자. 몇 년에 무슨 사건이 발생했고, 역대 왕의 리스트를 달달 외우는 방식이 필요한 부분이긴 하지만, 이것은 의미를 뽑아 내기 위한 준비 단계로서만 의미가 있다. 혹시 기억이 안

난다면 그때그때 찾아보면 그만이다. 이런 의미 없는 사실의 나열이 얼마나 역사를 재미없는 과목으로 만들었던가.

《독일 교육 이야기》의 저자 박성숙은 독일에서 초등학교와 김나지움에 다니는 두 아이를 키우며 겪은 독일 교육 이야기를 저술했다. 그녀는 독일의 역사 교육에 대해, 역사적 사실은 몇 분간 짧은 설명으로 지나가고 이 역사를 어떻게 바라볼 것인지에 관한 공부가 주를 이룬다고 주장한다.

예를 들면 한국의 초등학교 국어 교과서에 콜럼버스의 항해 이야기가 실려 있다. 한국의 교육에서 콜럼버스의 항해는 사실을 전달하는 역사 교육적 의미에 더 많이 치중되어 있다. 그러나 《독일 교육 이야기》를 보면 독일에서 콜럼버스의 항해 사건을 놓고 치르는 역사 시험을 살펴볼 수 있다.

이번 시험에서 지문으로 나온 텍스트는 콜럼버스의 항해일지 중 1492년 12월 26일 부분을 발췌했다. 신대륙에 도착한 후 원주민에게 무기를 보여주고 그들을 제압하는 과정을 묘사한 대목이다. 그와 함께 다음 세 문제가 출제되었다.

문제

1) 지문을 이해하기 쉽게 설명하고 분석하시오.

2) 지문을 두 가지 역사적인 배경과 함께 설명하시오

  - 1500년대의 변화

  - 신대륙 발견을 위한 항해

3) 콜롬비아라는 나라의 이름을 통해 콜럼버스는 오늘날까지 기려지고 있으나, 이 나라 사람 중 많은 수가 식민지의 어두운 역사를 생각하며 나라 이름을 바꾸길 원할 수도 있다. 신대륙을 찾아 나선 배경을 통해 콜롬비아

의 새로운 이름에 대한 가능성을 시사하고, 당신의 역사적인 판단 근거를 제시하시오.

한국과 독일에서 콜롬버스의 항해를 교육적으로 다루는 가치가 이렇게 다른 모습이다. 물론 시험을 보기 위해서는 객관적 사실의 습득을 확인해야 한다. 그러나 최소한 교실에서는 과거의 사건을 독창적으로 재해석하도록 독려해야 한다. 그 해석을 오늘날에 투영하여 의미를 부여하는 능력만이 역사를 역사답게 할 수 있는 것이다.

이렇게 의미를 담을수록 객관적인 사실의 습득이 쉬워지는 것이다. 수학의 삼각형 공식에서, 물리의 열역학 제2법칙에서, 생물도, 영어도, 체육도…. 모든 과목이 마찬가지이다.

의미를 부여하면 그 학문의 존재 자체가 달라진다. 가르치는 자이든 배우는 자이든, 모든 지식에서 호시탐탐 의미 부여를 시도해야 한다. 어쩌면 우리는 모든 선생님과 교수님에게 '의미부여학'을 공통적으로 이수하도록 해야 하지 않을까? 결국에는 모든 인간, 모든 학생은 '의미'에 목말라 있기 때문이다.

동궁과 월지, 분황사

우리는 왕세자가 머물던 공간인 동궁을 둘러보았다. 그 안의 연못을 월지라고 하는데, 야간에 월지의 수면에 조명 빛과 함께 동궁이 비추는 경치가 그야말로 일품이다.

이곳을 기러기 '안'(雁), 오리 '압'(鴨)을 써서 안압지라고 부르기도 한다. 신라가 망하고 화려했던 건물과 연못이 폐허가

되자, 오리와 기러기가 유유히 날아다닌다고 해서 조선의 시인 묵객들이 그리 불렀다고 한다. 지금은 군데군데 오순도순 모여 있는 오리 가족 말고는 그 자취를 찾기가 어렵다.

모전 석탑으로 유명한 분황사로 발길을 옮긴다. 분황사는 황룡사지 터의 바로 옆에 있는 절인데, 부드럽고 향기로운 황제란 뜻을 담고 있다. 왜 이런 이름을 지었을지 생각해 보게 되었다. 어떤 견해에 의하면, 당시에도 여성의 왕의 즉위를 문제 삼는 세력이 있었다고 한다. 이에 항변하여 선덕여왕의 존재를 정당화하려는 정치적 의도에서 분황사라는 이름을 지었을 것이라는 이야기가 전해진다.

대상의 '이름'에 주목하는 것은, 탐구와 토론의 주제를 찾을 때 매우 유용하다. 생각해 보면 모든 이름은 처음부터 존재하던 것이 아니다. 누군가 그것을 살피며 지어 준 것이기에 이름에는 그 대상의 속성이나 특징, 시대상, 또는 이름 짓는 사람이 그 대상에 대해 가진 마음이 드러난다. 우리 자녀의 이름도 그렇게 지어지지 않았는가.

아이들에게 이름을 연구하게 하고, 때로는 직접 이름을 지어 보게 한다. 그 언어를 관찰하면 아이가 가진 사고의 크기를 알 수 있다. 또 이름이 표현된 방식을 보면 아이의 정서 상태와 성장 방향을 엿볼 수 있는 것이다.

성경에도 이런 구절이 있다.

여호와 하나님이 흙으로 각종 들짐승과 공중의 각종 새를 지으시고 아담이 무엇이라고 부르나 보시려고 그것들을 그에게로 이끌어 가시니 아담이 각 생물을 부르는 것이 곧 그 이름이 되었더라 아담이 모든 가축과 공중의 새와 들의 모든 짐승에게 이름을 주니라(창세기 2장 19~20절).

찬란했던 신라의 문화가 오늘 날 월지에서 아름답게 빛나고 있다.

세계 문화유산 경주 양동마을

　우리나라에서 세계 문화유산으로 지정된 마을은 두 곳이 있다. 안동 하회마을과 경주 양동마을이다. 이 두 곳은 '조선 시대의 초가집과 기와집 등 문화유산이 그대로 보존되어, 옛 생활 모습 그대로 생활을 하는 곳이다'라고 소개되지만, 엄밀히 말해 오류가 있는 말이다. 시간의 흐름과 함께 문화유산이 '그대로' 보존되었다면 이미 낡고 허물어졌을 것이 아닌가. 당시의 생활상을 여전히 우리에게 보여 줄 수 있다는 것은, 다시 말해 끊임없이 '인위적인' 보수 공사를 하고 있다는 것이다.

　사실 모든 문화유산이 가진 모순이다. 옛 모습을 간직하기 위해서라도 계속 새롭게 단장해야 한다는 것. 때로는 보존을 뛰어넘어, 재해석을 통한 재창조를 시도하기도 한다. 오히려 수많은 사람이 찾는다는 것은 암묵적으로 그런 유지 보수의 필요성과 가치를 인정하고 있다.

"당신 변했어."

드라마에서 보통 '배신감'을 느낄 때 상투적으로 쓰는 표현이다. 하지만 다시 생각해 보면 배신감을 느낀다는 것이 더 배신이다. 사람이건 가옥이건 당연히 변할 수밖에 없다는 것을 깨달아야 한다. 우리를 변하게 하는 사건이 끊임없이 발생한다는 사실은 거의 시간의 흐름만큼이나 확실한 것이기 때문이다.

생각 없이 살면 확실하게 변한다. 그것도 아름답지 않은 방식으로 끊임없이 점검하고 부지런히 손질해야만 원래의 순수성을 보존하고, 나아가 새로운 아름다움을 재창조해 낼 수 있다.

경주 양동 마을에서 우물 체험 중인 아이들.

포석정

포석정을 둘러보고 있는데, 여행 내내 조용했던 아이가 다가와서 속삭였다.

"이제 2학기에 역사를 배워야 하는데 이번 경주 여행을 계기로 역사가 좋아졌어요. 경주 이야기를 처음에는 알고 싶지도 듣고 싶지도 않았거든요. 그런데 불국사에 갔을 때부터 재미있는 이야기를 점점 많이 듣게 되니까 그런 거 같아요."

"맞아요. 역사는 시험 때문에 싫은데 억지로 공부했는데, 이번 경주 여행에서는 배움을 행동으로 증명해야 해서 제가 직접 생각하고 알아가니까 그 과정이 보람찼어요."

체험 학습을 통해 아이들이 배워야 하는 것이 바로 역사나 그 장소의 문화에 대한 가치와 배움을 즐겁게 받아들이는 과정일 것이다.

"한 나라의 역사를 배운다는 게 본래 쉬운 일이 아니에요. 보통 아이들이 시험으로 역사를 접하니까 싫어하면서도 배우게 되어요. 그래서 시험 기간에만 기억이 나는 과목이 역사가 되죠. 그런데 이번 경주 여행은 알고 싶으면 배움을 행동으로 증명해야 해서 직접 알아가는 여행이 보람찼어요"

포석정 안은 한적하고 조용했다. 예전 신라인들이 잔치를 베풀던 이곳 포석정은 물이 흐르게 한 후 술잔을 띄어 놓고 술잔이 돌아오기 전에 시를 지어야만 했다. 그 안에 시를 짓지 못하면 주령구를 던져서 벌칙을 주었다고 하니 옛 신라인들의 놀이는 낭만적이라고 할까?

신라의 귀족들이 노닐던 포석정에는 고즈넉함만이 남아 있다.

도봉서원, 서악서원

우리는 경주 일정 동안 도봉서원에서 첫날을 보냈고, 그다음 날에는 서악서원에 머물렀다. 서원은 지금으로 말하면 기숙사기 있는 학교였나. 서원과 일반적인 숙소와의 차이점에 관해 물었다.

"고택이고 문화재이고, 보존해야 할 곳이에요."

"마당이 있어요. 마당이 있으니까 집이 엄청 넓다는 생각이 들어요."

"나무 향이 집 안 가득했어요. 피톤치드가 나오는 거 같아 몸이 건강해진 느낌이 들었어요."

"방 천장은 낮고 대청마루 천장은 높았어요."

여행지에는 여관, 펜션, 콘도, 민박, 호텔 등 다양한 선택이 있다. 요즘은 에어비앤비를 이용해서 현지인들의 숙소에 머물 수도 있다. 모두 장단점이 있지만, 옛 학교 기숙사인 서원에서 전통적 교육에 관한 이야기를 나누며 색다른 정취를 즐기는 것도 좋다. 넓은 대청마루에 앉아 마당을 바라보면 도심에서 느낄 수 없는 선인들의 여유를 느낄 수 있다.

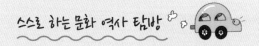

사진 한 장 손에 들고 기차역에서

몇 해 전 초등학생들과 군산 여행을 진행했을 때의 일이다. 군산역에 내려서 목적지를 찾아 임무를 완수하고 돌아오라고 했다. 남자 3명과 여자 3명 두 팀으로 나누었는데 반응이 전혀 달랐다.

남자 팀은 멀리 기차역에서 버스 번호판을 보고 누군가 말했다.

"우리 저 버스 타면 진포 해양 테마 공원에 갈 수 있어. 저기 쓰여 있잖아."

"아니야, 여기는 우리가 잘 모르니까 길 찾기가 어려워. 그냥 택시 타자."

갑자기 아이들은 택시 한 대를 부르고는 단체로 택시에 몸을 실었다. 진포 해양 테마 공원에 두 팀이 모두 도착하고 활동지에 적힌 문제를 완수해 냈다. 점심때라 누군가 맛집으로 소문난 중국집을 추천했다. 그러나 "그냥 라면으로 때우고 그 돈으로 택시 타자. 그게 편하잖아"라는 의견이 선택되었다. 과제를 완수했는지 몰라도 남자아이들은 몸이 편한 방법을 선택하고 말았다.

여자 팀은 이와 달랐다. 우선 계획을 세우고 택시를 탄 후 체험을 마치고 레스토랑으로 향했다. 음식 1인분을 둘이 나눠 먹고 리면을 먹고 싶다는 아이에게는 컵라면을 사 주었다. 그 후 인근의 박물관 여행을 하고 다시 택시를 타고 기차역으로 돌아왔다. 여자 팀이 남자 팀보다 훨씬 계획적으로 체험을 진행했다. 구성원과 팀별 성향에 따라 달라지겠지만 두 팀의 체험 방향은 전혀 다른 색을 나타냈다.

그로부터 몇 년 뒤, 다른 아이들로 팀을 구성해 군산 여행에 참여했다. 군산은 작은 도시라서 걷다 보면 어떻게든 서로 만나게 된다. 당시 팀들 가운데 한 팀의 아이들은 기차역에 내리자마자 두루두루 살펴본 후 버스의 매력을 선택했다. 하지만 안타깝게도 회비를 모아 놓은 봉투를 버스에 두고 내렸다.

결국에는 도중에 정류장에서 내려 회비를 찾으러 갈 수밖에 없었는데 하염없이 오던 길을 되짚어 걷던 아이들은 그날 과제를 모두 해내지 못했다. 한 명에게 회비 관리 등 주요 업무를 맡긴 터라 문제의 확인과 해결에 오랜 시간이 걸린 것이다. 그런데 이와 달리, 리더가 체계적으로 역할을 배분한 덕분에 모두가 시간 안에 주어진 과제를 수행해 낸 팀도 있었다.

같은 장소를 세 번째 여행할 때에는 초등학생보다 중학생이 더 많았기에, 다소 새로운 아이디어들이 모일 것을 기대했다. 기차역에 내린 아이들에게 과제지 3장을 나누어 주었다.

"벌써 9시 30분이에요. 저녁 4시까지 사진 속의 12곳을 찾아가서 인증샷을 찍고 그 장소에 대한 역사적, 지리적 이야기들을 직접 발로 조사해 오세요. 점심 먹을 장소에 대한 힌트 사진 두 장도 함께 들어 있어요. 임무 완수하고 즐겁게 다시 안전하게 만나요."

이번에는 회비를 다른 식으로 관리했다. 한 사람에게 전액을 맡기는 것이 아니라 분산했다. 회계는 공통 회비만 관리하고, 개인에게 회비 일부를 나눠 주어서 각각 간식도 사 먹고 작은 기념품도 살 수 있도록 했다. 여행을 통해 아이들은 수많은 시행착오를 경험하게 되고 그 경험 속에서 자연스럽게 성장해 가고 있다.

활동지를 손에 들고 출발한 아이들의 모습을 지켜보았다. 진포 해양 테마 공원 안에 들어가서는 첫 임무 수행지 장소인 잠수함 앞에서 사진을 촬영한다. 그런데 그 잠수함 안에 들어가야 수행할 수 있는 활동이 있는데, 입장료 300원이 아깝다고 들어갈 생각을 안 한다. 스마트폰이 없는 상황에서 아이들은 과연 어떻게 과제를 완수해 낼지 기대 반 걱정 반이다.

어느새 시간이 흐른 후 4시가 되었다. 열심히 걸어 다니면서 과제 장소를 다 찾아 인증샷을 완료한 팀도 있고, 팀원들과 역할을 분담해서 팀의 갈등을 최소화하는데 우선순위를 둔 팀도 있다. 회비를 개인에게 나누거나 모아서 공동 관리를 하면서 회비 관리의 중요성을 깨달은 팀도 있다.

일본식 게스트 하우스 화장실에서 변기 비데 버튼을 누르지도 않았는데 물이 나와서 옷이 젖어 당황한 아이도 있다. 평소처럼 스마트폰 검색이 아니라 지도에 의지해서 길을 찾고 문제를 해결해 낸 아이들은 세상에 당당해져 갔다.

소와 나무의 그림으로 점심 먹을 식당을 찾으라는 활동에

소고기 뭇국 집을 선택한 팀이 있고, 콩나물국밥 집을 찾아 주문까지 한 상태에서 여기가 맞냐고 물어본 팀도 있다. 추억의 어린 시절 간식 판매대에서는 과자를 왕창 구매해 버린 팀도 있다.

과세를 실행하기보다 수박 겉핥기식으로 마치 학교 밖 교육 기관 숙제를 대충 하는 것처럼 처리하는 팀도 눈에 띄었다. 이와 달리 팀원 전부가 진지하게 여행 주제로 토론하고 서로 가르쳐 주는 팀도 있었다. 아이들이 군산 여행을 즐기는 방법은 서로 달랐지만, 군산 거리를 오가다 마주치면 손에 쥔 간식을 나눠 주는 아이들의 모습은 정말 사랑스러웠다. 점심 먹은 지 얼마 되지도 않았는데 아이스크림, 치즈 핫도그, 떡볶이 등을 신나게 사서 먹던 아이들은 그렇게 걷고 생각하고 끊임없이 오물거리면서 과제를 마무리해 갔다.

말하는 체험 학습을 즐겨라!

듣는 체험 학습은 가라!
보는 체험 학습은 가라!
말하는 체험 학습을 즐겨라!
임무를 완수하고 과제를 마친 친구들은 돌아오는 버스 안에서 12곳의 장소를 발표해야 한다. 아이들에게 아래와 같은 질문을 던졌다.
"우리는 왜 군산으로 떠난 것일까?"
"군산에는 역사의 어떤 흔적이 남아 있는 것일까?"
"군산에서 우리는 무엇을 배워야 할까?"

이 외에도 직접 12곳의 과제 장소를 찾아가고 군산에 대한 문제를 스스로 내고 다른 팀이 맞추도록 했다. 참가자 전원이 문제를 내고 해결해 가는 여행이다. 질문에도 난이도가 필요하다. 그래서 1,000 만점을 기준으로 한다. 1,000점 만점에 한 팀이 맞추면 500점을 득점한다. 세 팀이 맞추면 340점 나머지 팀이 모두 맞히면 250점씩 나눠 갖는 식이다. 난이도에 따라 가져갈 수 있는 점수가 달라진다. 다시 말해 문제를 내는 팀이 난이도까지 함께 고려해야 한다는 것이다.

팀별로 50개의 문제를 내고 스스로 문제의 난이도를 높이거나 낮추는 조정을 할 수 있는 기회를 주었다. 전략을 세워야만 우승할 수 있다. 아이들이 직접 만든 문제 중에 난이도 '하'의 문제는 "군산의 옛 이름은 무엇인가요?", 난이도 '중'으로는 "군산의 유명한 이성당 빵집은 몇 년도에 생겼나요?", 난이도 '상'은 "진포대첩에 대해 중심어 2개를 사용해서 설명하시오" 등의 예를 들 수 있다.

관광지나 역사 유적지를 그저 둘러보면서 해설을 듣고 고개나 끄덕이는 것으로는 부족하다. 이제는 스스로 말하는 체험 학습의 시대이다. 내가 가서 직접 보고 겪은 것에 관해 자기 언어로 표현할수록 장기 기억에 저장되어 제대로 된 학습이 이루어지는 것이다.

두뇌학자 홍양표 박사는 두뇌에서 추상력과 언어사고력의 힘이 균형을 이루어야 한다고 주장한다. 추상력은 넓게 생각하는 힘을 말하고, 언어사고력은 생각하는 힘을 언어로 표현하는 힘을 말한다. 만일 추상력이 높은데 언어사고력이 낮으면 생각은 있는데 언어로 전달이 안 되고, 추상력이 낮은데 언어사고력이 높으면 입만 살아 있는 아이가 된다. 생각과 언어 표현이 균형을 이루려면 직접 몸으로 배운 것을 언어로 정확하게 전달하는 훈련이 필요하다. 말하는 체험 학습을 다녀온 친구들은 이렇게 마음을 전했다.

"과제 완수를 우선시하니까 서로 싸우고 여유가 없어졌어요. 목표보다 함께 행복을 추구하는 게 낫다는 생각이 들었어요."

"우리가 스스로 주인이 되는 여행이었어요. 형들이 제 장난을 받아 주어서 좋았어요."

"직접 탐방하니까 군산에 관한 관심과 사랑이 생겼어요."

열여섯 살 세훈이가 군산 여행을 마친 후 다음과 같이 생각을 정리해서 들려주었다.

사과는 하는 것이 아니라 받는 것이다. 위안부 할머님들의 고통을 마음으로 나누고 몸으로 실천하자.

군산에는 여러 명소가 있다. 1945년부터 지금까지 오랜 역사의 이성당 빵집, 〈8월의 크리스마스〉라는 영화를 찍은 초원사진관도 있다. 길거리에서 여러 가지 추억의 음식들을 파는 것도 재미있었다. 하지만 우리가 군산을 찾은 목적은 무엇보다 일제 강점기 당시 우리 민족의 고난과 참상을 알아보기 위한 것이다.

우리나라와 일본이 스포츠 경기를 하면 왜 그렇게 이기려 하는지 아는가? 일본은 우리나라 국민에게 끔찍한 짓을 저질렀다. 그들은 한국을 침략한 후 서당을 없애고 객관식 교육을 우리나라에 주입했다. 또 많은 여자와 쌀을 쉽고 빠르게 가져가려고 해망굴을 만들었다. 어린 여자들을 겁탈하는 등 굴욕적인 만행도 이번 군산 탐방으로 알게 되었다. 일본 총리는 이러한 과거의 일을 돈으로 보상하겠다고 하였지만, 위안부 할머님들은 돈이 아닌 진정한 사과를 원하셨다.

선생님이 이야기를 들려주셨다. 어떤 초등학교 아이들이 수학여행을 가서 밤에 장난을 치다가 한 친구에게 성적 모욕감을 주는 장난을 쳐서 그 친구는 그날 밤 잠을 자지도 못하고 울었다.

그다음 날 학교에 와서 선생님은 장난을 친 아이들을 부르고 사과를 시켜 장난을 친 친구들은 '미안해'라는 한마디를 던졌다. 그때 그 아이는 다음과 같이 이야기했다.

"사과는 하는 것이 아니고 받는 것이야. 나는 너희의 사과를 받지 않을 거야."

사과는 가해자가 하는 것으로 마무리되는 것이 아니라 피해자가 마음으로 받아 용서해야 마무리되는 것이다. 이처럼 한일 관계에서도 우리의 아픈 역사에서도 위안부 할머님들의 아픔을 같이 기억하기 위해서라도 우리 스스로 일본 땅보다 우리 국토 한 번 더 밟고 일본에서 만든 제품이 아닌

일본이 최초로 조선 침략에 대해서 참회하고자 세운 참사문비가 있는 동국사

우리나라에서 만든 제품을 써야 한다고 생각한다. 하지만 이러한 좋지 않은 기억을 없애지 못한 이유 또한 우리 자신이 돌아보아야 한다고 생각한다. 왜냐하면, 기억하지 않는 역사는 반복되기 때문이다.

　우리는 일제 강점기의 가슴 시린 역사를 잊은 채 살고 있다. 이러한 과거의 흔적조차 없애며 그 일들 모두를 다 잊어버릴지도 모른다. 군산을 찾은 오늘 우리나라의 가슴 시린 역사를 눈으로 보고 몸으로 체험하며 마음으로 우리 위안부 할머님들의 아픔에 동참할 수 있어야 한다고 생각한다.

다양한 주제로 생각을 확장하다

충북 영동 오지마을 물한계곡을 아시나요

충청북도 영동에서 만날 수 있는 물한계곡은 물이 차기로 유명하다. 해발 500m 내외의 산간 고지대에 있는 계곡이기 때문이다. 15km를 이어져 내려가는 계곡으로 인해 여름에는 피서객이 많이 찾지만, 그때를 제외하면 외부인이 거의 찾지 않는 오지이다. 그러다 보니 자연환경이 잘 보존된 가운데 사람들이 모여 마을이 형성되었다.

마을 길과 숲길을 걸으며 바람을 즐기고 밤하늘의 별을 보는 것만으로도 힐링이 될 수 있는 특별한 곳이다. 이 마을의 자연조건에 맞게 프로그램을 기획하고 여행할 수 있었던 것은 참 감사한 일이다

물한계곡의 물소리가 마음의 걱정을 씻어낸다.

물한계곡 민주지산 숲길에서 만난 계곡.

여행을 하는 이유

혁명가 체 게바라가 젊은 시절에 오토바이를 타고 남미를 여행하던 중 오토바이가 고장이 나버렸다. 힘들게 오토바이를 끌며 인근 마을을 찾으니 탄광촌이었다. 그곳에서 그는 한 부부를 만났다. 그 부부가 체 게바라에게 물었다.

"우리는 생존을 위해서 여기 있지만, 당신은 왜 굳이 이런 곳으로 여행을 왔습니까?"

게바라는 다음과 같이 답했다고 한다.

"여행하기 위해서 여행하는 중입니다."

마치 고승의 선문답과 같은 묘한 답변인데 우리에게, 특히 청소년들에게 여행은 어떤 의미가 있는지 생각해 볼 수 있을 것 같다.

청소년기는 타인으로부터 평가되는 자신의 모습에 대해 민감한 시기이다. 그러다 보니 외적인 요소에 관심이 급증하게 되고 따라서 내면의 자신에 대해서는 매우 소홀하기 쉽다. 그러므로 평생 삶의 자세를 정립하는 청소년기일수록 여행을 통한 내면의 자극이 필요하다.

또 청소년 시기의 관심사에서는 학업을 빼놓을 수 없는데 그 영역에서 큰 영향력을 발휘하는 것이 자존감이다. 자존감이 높은 사람은 어려운 과제에 도전하는 반면에, 자존감이 낮은 사람은 쉬운 과제에서도 멈춘다.

공부를 잘하는 아이들은 공부가 어렵지만 하면 된다고 생각한다. 하지만 공부를 못하는 아이들은 아무리 공부해도 안 된다고 생각한다. 이 사이에 있는 아이들은 공부가 어렵지만 해 보는 것이다. 해 보기 전에는 자신이 공부를 잘하는지 못하는지 정확히 알 수 없기 때문이다.

자존감은 이렇게 공부에 미치는 영향처럼 자기가 되고 싶은 사람에 가까운 사람이 되어 갈수록 높게 형성된다. 꿈의 성공 여부에 나라 자존감이 높아지기 때문에, 청소년 시기의 자존감 향상은 매우 중요하다. 이러한 자존감은 또한 일상이나 여행을 통해 자신에게 주어진 삶의 과제를 해결해 내는 다양한 과정에서 향상된다. 즉 일상에서 아주 작은 일에 성공하는 경험을 반복할수록 그들은 자신을 귀하게 여기게 되며, 일상의 많은 문제를 바람직하게 해결할 힘이 생긴다.

이 모든 과정은 교육과 함께 일상의 다양한 경험들을 통해 청소년들을 성장시킨다. 그러나 반복적이고 평탄한 일상은 작은 성공의 기회를 계속 제공하기 어렵다. 그래서 낯선 환경 속으로 떠나는 여행은 그 첫발을 내딛는 순간부터 다양한 문제를 발생시키며 이를 통해 작은 일들의 성공을 경험하도록 성장시킨다.

《걸어서 지구 세 바퀴 반》의 저자 한비야는 여행을 '길 위의 학교'라고 표현했다. 청소년들이 여행 중에 발생하는 다양한 상황들을 통해 심리적이고 정서적인 내면을 굳건히 하고, 여행 중 발생하는 다양한 문제를 해결하며 문제해결 능력을 향상시키고, 여행을 통해 자신의 한계를 극복하고, 내면의 소리를 듣는 시간을 마련하는 것은 매우 큰 의미가 있다. 이것이 바로 청소년들에게 여행이 필요한 이유이다.

그 여행을 물한계곡의 황룡사에서부터 시작하여 민주지산 계곡을 따라 3km를 걷고 숲과 나무와 대화한다. 이 여행을 통해 우리는 자신의 내면과 마주하는 시간을 갖고 여행이 주는 선물을 받을 수 있었다.

숲길을 혼자 걸으면서

민주지산은 백두대간의 중심에 있는 산이다. 해발 1,000m 정도 되는 산을 친구들과 일정한 간격을 두고 혼자 걷게 했다. 바람 소리 물소리 새소리에 귀 기울이며 자신을 돌아보는 시간을 준 것이다.

아이들의 내면에서는 어떤 물음과 답이 오갔을까? 숲길을 돌아 나온 아이들과 도란도란 담소를 나누었다.

열네 살인 소연이가 이렇게 마음을 전했다.

"숲길을 걸으면서 앞사람의 간격이 너무 멀면 불안해지고 가까워지면 부담스러웠어요. 이런 느낌이 인간관계랑 비슷하다고 생각했어요. 저는 자신에게 타인과 얼마 정도의 거리를 두는 게 가장 행복하냐고 물었어요."

현대인들은 대부분 도시에 모여 산다. 도시는 의식주를 해결하기에 편리한 구조의 사회 시스템이다. 그러기에 이 구조를 벗어나 한 개인으로 존재하는 것은 막연히 불안해진다. 개인의 권리와 사생활을 가장 중시하면서도 군중에서 벗어나기를 두려워하는 현대인의 모순이 드러나는 지점이다. 인간관계에서도 마찬가지이다. 너무 가까우면 쉽게 상처받고 너무 멀면 외로워진다.

아이들이 학교에서 하교한 이후 바로 학교 밖 교육 기관으로 가는 이유도 마찬가지가 아닌가. 다수의 모임이나 공간 안에 있지 않으면 불안해지는 것이다. 초등학교 때부터 학교 밖 교육 기관 문화에 익숙해진 아이들은 중고등학교 시절에 혼자 공부하는 것을 불안해한다. 하지만 자유롭고 독창적인 사고가 훈련된 아이들은 여타 기관에 매이는 것을 불편해하고 자기 주도 학습이 가능하다. 이런 원리를 소연이는 숲길을 홀로 걸으면서 깨달았고 자기 안에서 묻고 답하면서 성장해 갔다.

다른 아이들도 다양하게 소감을 나누었다.

"마을 탐방 시간에 조원 간의 갈등이 무척 많았거든요. 숲길을 걸으면서 왜 그랬을까를 생각했는데 팀으로서 같은 목소리를 내는 것이 우선이라는 원리를 잊은 거 같아요."

"숲길을 걸으면서 엄마와의 갈등이 떠올랐어요. 왜 이렇게 엄마랑 싸우는지 저에게 물어봤는데 일단 사춘기도 한몫하는 것 같고요. 엄마와의 갈등뿐만 아니라 학교 친구와의 관계에서도 문제가 있더라고요. 차분히 생각하면서 걷다 보니 내가 먼저 변해야겠다는 생각이 들었어요."

"지난 중간고사 시험을 못 봤어요. 그래서 매우 우울했고 자존감도 낮아진 것 같아요. 곰곰이 생각해 보니 요사이 다른 애들이랑 저를 비교하면서 행복하지 않았어요."

"저는 성적 고민을 하면서 숲길을 걸었어요."

"내가 지금 행복한지 나 자신에게 물으며 길을 걸었어요. 행복하기도 하고 아니기도 한 것 같았어요. 내가 가진 것들을 돌아보니, 부모님께 감사해야 한다는 걸 느꼈어요."

"마을 탐방 때 길을 왜 헤맸을까 생각했더니 조원끼리 협동하지 않고 나만 힘들다고 앉아서 쉬어서 오랜 시간이 걸렸다는 것을 알게 되었어요."

때로는 자연과 함께 걸을 수 있는 시간만 주어도 아이들은 다양한 질문을 자신에게 던진다. 그리고 해답을 찾아가는 과정을 통해 진정한 자기 자신과 마주한다.

물한계곡 민주지산 숲길의 5월은 초록의 세상이다.

마을 탐험은 이렇게 하는 거야

인적 드문 산간의 교회 다락방에 도시의 아이들이 옹기종기 모였다. 이제 조를 나누어 마을을 탐방하고 자료 조사를 해 온 후 마을 지도를 함께 그려야 한다.

"마을이란 어떤 공간일까요?"

"도시의 마을과 시골의 마을은 어떤 점이 같고, 어떤 점이 다를까요?"

"도시 마을의 정보는 인터넷이나 도서관, 각종 자료집에서 정보를 얻을 수 있지만, 오지마을 관련 정보는 어디에서 어떻게 구해야 할까요?"

시골교회 목사님께 간단하게 길 안내를 받은 후 마을 탐방을 시작했는데 한 팀은 열심히 듣던 설명을 어디다 팽개쳤는지 마을 초입도 들어서지 못하고 돌아왔다. 길을 헤맨다는 것은 어떤 의미일까?

시골 산간 오지마을의 길은 도시와 다르다. 구불구불 곡선이 이어지고 시골 돌담길에는 아기자기한 봄꽃들이 피어난다. 언뜻 다 똑같아 구분이 안 가는 듯하지만 하나하나의 특색에 관심을 가지면 그 다채로움이 각각 유별나 길을 잃을 리가 없다. 아이들과 그 길을 걸으면서 나태주 시인의 〈풀꽃〉을 함께 음미해 보았다.

풀꽃

나태주

자세히 보아야 예쁘다

오래 보아야 사랑스럽다

너도 그렇다

바쁜 도시의 일상을 살아가
던 아이들이 시골길에서 주변
을 둘러본다. 돌담길을 그리려
고 쭈그리고 앉았는데 미처 차
도를 구분하지 못한 아이들의
엉덩이가 삐져 나왔다.

도심의 운전자와 달리, 이곳
의 운전자는 경적도 안 울리고
오히려 공부하는 중인데 미안
하다고 하며 천천히 지나간다.

풀꽃 앞에 옹기종기 모여 앉아 크기, 모양, 색깔, 특징 등 풀꽃 한 송이를 자세히 보는 훈련을 하는 중이다.

도시와 이곳이 어떻게 다르냐고 아이들에게 물었다. 입을 모
아 외치는 대답이 들렸다.

"시골길에는 진짜 여유로움이 있네요."

공부란 무엇일까?

마을 탐방을 나가기 전 탐사 방법을 의논하다 보니 공부의
본질까지 이야기가 확장되었다.

"자, 지금부터 마을 탐방을 가야 해요. 즉 물한계곡 마을을
대상으로 해서 '공부'하려고 하는데요. 그럼 어디서부터 시작
해야 할까요? 공부는 바로 그 단어가 가진 의미를 파악하는 과
정이라는 것에서 힌트를 얻으면 좋겠어요. 이 마을을 공부하려

279

면 어떻게 시작하면 될까요?"

"마을이란 언어의 의미부터 먼저 파악해야 해요."

"마을이란 어떤 곳일까요?"

"마을은 사람들이 모여 사는 곳이라는 뜻이에요."

"그렇다면 탐방이라는 단어의 의미는 무얼까요?"

"탐방은 탐구하는 거죠. 탐구는 곧 찾는 거예요."

"찾을 때는 어떤 게 필요할까요?"

"수업 시간에 종종 집중하라는 이야기를 들어요. 뭔가를 찾을 때는 집중이 필요한 거 같아요."

"집중한다는 것은 무엇을 의미할까요?"

"주의를 기울이고, 관찰한다는 거예요."

"관찰할 때 중요한 게 무엇이 있을까요?"

"기록을 꼭 해야 해요. 안 그러면 잊어버려요."

"기록의 중요성에는 또 어떤 점이 있을까요?"

"내가 관찰한 것을 기록으로 남기면 그걸 토대로 발표도 할 수 있어요."

"그리고 기록을 하면 개인적인 관찰이, 다른 사람의 참고 자료로 확장될 수도 있어요."

"맞아요. 저번에 독도에서도 독도 관련 기록이 엄청 중요한 역할을 했어요."

이렇게 시작한 마을 공부는 다양한 주제로 끊임없이 생각을 확장해 나갔다.

"이 오지마을에는 어떤 사람들이 살고 있을까요?"

"이 지역은 무엇이 유명할까요?"

"이 지역 사람들은 무엇을 주로 먹을까요?"

"도시와 이곳의 차이는 무엇일까요?"

　다양한 주제로 끊임없이 생각을 확장해 나갔다. 이제 생생한 목적의식을 가지고 예전보다 뚜렷한 마을에 대한 이미지를 형성한 상태로 마을 탐방에 나설 수 있게 되었다.

탐방한 후 마을 지도를 그리는 아이 입가에 미소가 번진다.

개념 학습이 필요한 이유

다 함께 숲길을 천천히 걸으면서 이야기를 이어 갔다. 이번에는 잣나무와 전나무를 통해 개념 학습의 원리를 깨달았다. 숲길의 여러 나무 중 뿌리기 나온 나무가 있었다. 그 나무의 이름을 맞추기 위해 스무고개를 진행해서 나무의 속성을 스스로 깨우쳐 가도록 했다.

"자, 지금부터 여러분은 스무 가지의 질문을 할 수 있어요. 답을 통해서 나무 이름을 추론해 보세요."

"음, 여러해살이 식물인가요?"

"열매는 우리가 먹을 수 있는 것인가요?"

"잎 모양이 뾰족한가요?"

"이 숲에 그 나무가 많은가요?"

"사람이 그 나무를 사용할 수 있나요?"

"꽃이 피나요?"

"나무의 장점은 무엇인가요?"

"나무의 단점은 무엇인가요?"

수많은 질문이 쏟아졌다. 뿌리와 잎의 차이점에 유의하면서 각 나무의 특성을 분석하는 시간을 가졌다.

"잎이 뾰족한 나무는 여러분이 알다시피 침엽수인데 전나무와 잣나무가 대표적이에요. 잣나무는 자라는 시기가 20년 이상 오래 걸리지만, 목재가 단단하지요. 전나무는 곧게 자라기는 하는데 공해에 약한 특성이 있어 수백 년 자란 나무가 많지 않아요. 앞으로 침엽수와 활엽수 그리고 전나무와 잣나무를 구별할 수 있겠지요? 이렇게 서로 다른 특징을 구별하는 개별 속성을 '개념'이라고 해요. 어떤 학문을 학습하든 개념 원리의 이해가 가장 기본이지요. 그 이유는 개념을 제대로 이해하면 자연스럽게 응용과 확장이 이어지기 때문이에요. 이걸 연역적 접근이라고 해요.

반대로 구체적인 예를 통해 원리를 파악하는 방법이 귀납적 방법이에요. 여러분이 마을을 탐방하면서 언어의 의미를 파악하거나 숲길을 걸으면서 개념 학습의 필요성을 깨달은 방식이 귀납적 접근이지요. 공부는 때에 따라 적절한 접근을 선택하면서 '왜 이 방식이 적절한가? 다른 방식으로 접근하면 어떻게 될까?'를 계속 탐구해 보는 것이 좋아요. 그렇게 이유와 방법을 알아가며 뜻을 찾아가는 탐색 과정이 바로 공부예요. 인간은 이유와 정당성이 인정될 때만 그리고 그걸 이해하는 만큼만 힘을 낼 수 있어요."

"아, 그럼 공부도 그렇겠네요. 시험 기간에 '왜 공부해야 하지?' 이런 생각이 든 적이 있는데 정말 공부하기 싫고 너무 힘들었어요."

"맞아요. 평소에 공부하는 이유를 알고 있어야 필요할 때 힘을 낼 수 있어요."

"우리가 이곳에서 마을을 조사할 때를 떠올려 봤는데요. 내가 스스로 그 과정을 이해하고 참여하는 공부는 힘도 덜 들고, 배우는 즐거움이 커요. 공부해야 하는 이유를 알고 할 때 공부가 더 잘 되어요."

"아주 좋은 통찰이네요. 사실 우리에게는 공부해야 하는 이유를 깨닫는 것도 중요하지만, 배운 개념들이 삶에 응용되고 도움이 된다는 감각이 필요해요. 그러기 위해서라도 항상 배운 개념을 달달 외우지 말고, 다른 영역에 연결해 생각하는 통찰력을 훈련해야 해요. 우리가 마을을 조사하고, 나무를 관찰하면서 훈련하는 것들이 바로 이런 것들이지요.

또 공부하는 이유를 곱씹어 보고 깨닫는 과정도 중요해요. 선생님은 공부하는 이유를 다음 세 가지로 들려주고 싶어요. 첫째, 공부는 배운 것을 남 주기 위해서 해요. 내가 배운 것으로 세상을 이롭게 하는 것이 공부하는 이유예요. 둘째, 공부는 나 자신을 온전한 사람이 되게 해요. 누구도 인간은 완벽할 수 없지만 죽을 때까지 공부하고 삶을 배우는 과정에서 온전해져 가는 것이에요. 셋째, 공부하는 이유는 미래를 준비하기 위함이에요. 공부를 통해서 보다 나은 미래를 과거와 현재에 준비하고 변화하는 사회에 적응하며 행복을 만들어 가는 거예요. 그래서 공부는 배워서 남 주고 온전해져 가고 미래를 준비하기 위해 할 때 진짜 가치가 빛을 발하는 거예요."

선생님 고추는 퐁퐁으로 씻나요?

우리의 여행에서는 입을 쉬게 놔두는 순간이 별로 없다. 무엇을 하든 항상 방법을 묻고 의미를 묻고 그에 대답하고 토론한다. 설거지하면서도 숲에서 했던 것처럼 금방 설거지에 대한 개념 원리를 가지고 종알거린다. 시간은 오래 걸리지, 퐁퐁 거품은 옷에 튀지, 게다가 제대로 닦이지 않은 그릇도 있지만, 어디까지나 소중한 학습의 시간이다.

누군가 설거지를 하며 이야깃거리를 하나 선물해 준다. 설거지할 차례가 되어 주방에 서서 한참 생각하던 아이가 한 마디 물었다.

"선생님, 저 옆에 있는 고추는 퐁퐁으로 씻나요?"

"설거지할 때 퐁퐁을 사용하는 기준이 뭘까요?"

"깨끗이 하려고요. 아, 기름기를 제거하려고 쓴다고 했어요. 그럼 고추는 기름기가 없네요. 퐁퐁을 안 써도 되겠네요. 아, 이제 알겠어요."

"순식간에 금방 깨달았네. 그런데 네가 고민했던 것처럼 농약 성분을 제거하려고 식초 물을 사용하기도 해요."

사소한 일이지만 아이에게는 '야채 세척'이라고 하는 삶의 영역이 확장되는 순간이다. 그 대가로 한동안 '고추 퐁퐁'이라는 애칭이 추가되긴 했지만 말이다.

간장, 된장, 고추장, 한국의 장 속에 담긴 언어의 의미

물한계곡 마을에는 장류에 정통한 할머니들이 많다. 간장의 달인, 고추장의 달인, 된장의 달인 등…. 거의 매번 밥상에서 만나는 장이지만, 우리 아이들은 이 장류에 대해서 구체적으로 이야기를 듣거나 생각해 본 적이 별로 없다. 그래서 마을의 장 달인이신 할머니 한 분을 모시고 전통 장 이야기를 들으면서 전통과 장을 언어적으로 살펴보는 시간을 가졌다.

"장이라는 게 왜 만들어지고 발달했나요?"

"옛날엔 요즘처럼 냉장고나 그런 게 없었잖아. 주변에서 가장 가까운 걸 사시사철 오래 먹을 방법을 고민하다 보니까 장이 만들어진 게지."

"장을 담글 때 어떤 부분이 가장 힘든가요?"

"콩을 쪄서 절구에 빻고, 메주 만들어서 달아 놓는 게 힘들지. 소금물 농도 맞추는 것도 생각보다 훨씬 어려워요."

"처음에 장을 만들 때 아이디어는 어떻게 나왔을까요? 그리고 이렇게 장을 만들 수 있다는 걸 어떻게 알았을까요?"

"장 만드는 방법이 따로 있었나. 그냥 어찌어찌하다 옆에서 이렇게 해 먹는 거 보고 따라서 하고 또 다르게 하고, 그렇게 해서 이런 장이 생겼겠지. 우리도 할머니의 할머니로부터 전해 내려오는 방법으로 만들었지 뭐 특별한 비법이 있고 그러질 않았어요. 그런데 좀 다르게 담가 보면 어떤 건 못 먹겠고, 어떤 건 더 잘되고 그러면서 새로운 장도 나오고 그랬지 뭘."

옆에서 듣고 계시던 시골 교회 목사님이 한 마디 예화를 들어 주셨다.

"할머니께서 잘 설명해 주셨어요. 여기서 잠깐 부연 설명을 하면 술의 기원에 관한 이야기를 참고할 수 있을 것 같아요. 바나나가 웅덩이에 빠져서 썩기 시작했는데, 그렇게 발효된 물을 우연히 원숭이가 마시고 기분이 좋아졌다고 해요. 실제로 원숭이 술을 담가 먹는 원숭이들이 있다고 하잖아요. 사람도 그렇게 우연히 발효와 유산균을 발견하고 관심을 가졌지요. 지금 발효 과학이 가장 발달한 불가리아에서도 유산균의 생명은 1주일을 못 넘긴다고 해요. 그런데 한국의 장에서 나오는 유산균을 연구해 보니 그 수가 엄청난 데다 생존 기간이 훨씬 길다고 하니 놀라운 일이지요. 발효 수준으로 말하자면 한국의 간장, 고추장, 된장은 전 세계에서 최고 수준이에요."

우리의 일상에서 장은 참 다양한 이름으로 불린다. 조선간장, 양조간장, 국 간장, 왜간장, 진간장처럼 같은 듯 다른 이름의 장들은 어떤 차이가 있는 것일까? 양조간장이란 서양식 방법으로 만든 간장을 일컫는 말이다. 조선간장이란 전통 방법으로 만든 간장을 말한다. 왜간장이란 일본에서 들어온 간장을 말한다. 국간장이란 국을 끓일 때 간을 맞추기 위해 사용하는 간장이다. 일반적으로 양조간장으로 국을 간하게 되면 간이 짜고 색깔이 검어진다. 그래서 국에 간을 할 때는 주로 조선간장을 사용한다. 진간장이란 외국에서 처음 들어온 간장의 상표 이름이다.

간장에도 부르는 이름이 이렇게 다양한데 요리를 배우기 전에 우리는 간장 속에 담긴 이러한 언어의 의미를 다 알지도 못하고 요리를 시작한다. 그래서 종종 어떤 간장을 써야 하는지 간장 사용법에 익숙해지지 않기도 한다.

아이들은 할머니의 이야기를 듣고 장 매력에 푹 빠져들었다. 그러나 도시의 아이들에게 마치 이방인의 언어처럼 낯선 언어가 있으니 바로 구수한 충청도 사투리이다. 메주, 메주를 띄운다, 치댄다, 삭힌다, 엿 질금, 달인다, 병폐, 골가지, 묵나물 등 낯선 충청도 사투리에 아이들은 고개를 갸웃거리면서도 그 말의 의미를 찾아갔다.

할머니의 장에 관한 이야기가 마무리된 이후에도 아이들의 장에 대한 개념 탐구는 계속되었다.

"간장은 왜 색깔이 검은색인가요? 다른 색깔은 나올 수 없나요?"

"콩의 단백질 성분이 분해되며 발생하는 아미노산의 분해 산물 멜라닌과 멜라노이딘이라는 물질 때문이에요. 메주를 소금물에 담가 숙성시키는 동안 아미노산, 당분, 지방산 등의 물질이 생기면서 아미노카르보닐 반응이라는 것을 일으키죠. 이때 아미노산과 당이 갈변 반응을 하면서 갈색의 멜라노이딘이라는 물질이 만들어져요. 그래서 시간이 지날수록 색이 짙어지고 검은색으로 변해요."

"우리나라의 장류와 비교될 만한 외국의 음식 문화는 무엇이 있을까요?"

"서양 음식으로 말하면 소스가 여기에 해당해요."

"마트나 슈퍼에서 사 먹는 장과, 직접 담근 장의 차이는 무엇일까요?"

"사 먹는 것은 맛이 표준화되어 있어요. 직접 담근 장은 집마다 맛이 다른데, 이 맛의 차이를 아는 사람은 장을 직접 담가 먹지요. 집에서 장을 담가 먹으면 표준화된 맛보다 더 깊은 맛을 낼 수 있어요"

"사 먹는 장은 맛이 균일화되어 있어서, 같은 맛을 내야 하는 음식점에서 더 적합할 거 같아요."

"기업은 이윤을 위해서 장을 대량으로 만들지만, 가정에서 직접 장을 담글 때는 건강을 우선순위에 두고 만들어 먹는 것도 장맛의 차이를 만들어 내요."

"사 먹는 간장은 주로 짠맛이 나는데, 직접 담그고 오래 숙성된 간장은 깊은 단맛을 느낄 수 있어요."

이렇게 시작한 간장 탐구는 조선간장, 양조간장, 국간장, 왜간장, 진간장의 유래, 맛의 차이, 그리고 각각의 사용법, 더 나아가 전통 유지의 필요성까지 이어졌다. 평소에는 관심도 없었지만 이렇게 광활하고도 심오한 장의 세계…. 숲에서 거론된 개념 원리를 학습하는 연습으로는 안성맞춤이었다.

지금도 물한계곡을 떠올릴 때면 우리의 코가 구수한 된장 내음을 기억하고, 우리의 귀가 할머니의 구수한 사투리를 기억해 낸다. 이런 정보, 이런 조사는 인터넷이나 스마트폰을 통해서는 결코 찾아내기 어려운 영역의 살아 있는 학습이다.

물한계곡을 옆에 두고 옹기종기 모여 있는 항아리가 정겹기만 하다.

[담양] 농장과 마을 체험

인심과 여유를 경험하며 누리는 휴식

넓은 감나무 농장만큼이나 인심 좋은 농부를 만나다

전남 담양에서 우리는 감나무 농장을 방문했다. 우리를 맞아주신 농부는 유황을 거름으로 주기 때문에 맛이 완전 달다며 감 자랑을 멈추지 않았다. 그는 4천 평이나 되는 감 농장을 혼자 돌보느라 바쁘게 움직였다. 그 와중에 아이들에게 감나무에서 직접 좋은 감을 따서 포장해 가라고 인심 좋게 허락해 주었다. 한 번 딴 감을 다시 무르기 없다는 규칙과 함께 말이다.

담양의 감나무들은 높지 않기 때문에 인기가 많다. 유치원생이나 할머니까지 모든 사람이 쉽게 감 따기 체험을 할 수 있기 때문이다. 아이들은 따 내린 감을 옷가지에 쓱쓱 닦고는 떫지도 않은지 한 입, 두 입 달게 베어 먹었다.

나도 단감을 한 입 베어 물면서 문득 우리가 흔히 쓰는 '감 잡았다'라는 말이 떠올랐다. 대한민국에서 교육을 논할 때 가장 중요한 것은 교육에 대한 감을 잡아야 한다는 것이다. 그래야 유치원, 초등학교, 중학교, 고등학교, 대학교 때 무엇을 해야 할지 기준을 세우고 실천할 수 있다.

감나무 농장에서 잘 영그는 감을 통해 교육의 감을 잡다니. 입시는 물론 어떤 어른으로 성장하도록 아이들을 도와야 할지 큰 그림에 대한 감이 잡히는 듯했다.

담양의 감나무들은 감나무 키가 높지 않기 때문에 인기가 많다.

미소짓는 두 아이의 손에는 단감이, 마음에는 풍성함이 담겼다.

아시아 최초 슬로시티 창평 삼지내 마을에서 여유를 누리다

감나무 농장 인근에 있는 창평 삼지내 마을은 아시아 최초의 슬로시티 마을이다. 슬로시티는 말 그대로 빠름, 경쟁보다 전통, 문화, 자연을 지키며 여유를 갖고 제 속도를 지키며 살라는 의미이다.

첫 슬로시티는 이탈리아의 작은 도시 그레베이다. 그레베 사람들은 2002년에 자신들이 사는 마을에 들어온 패스트푸드에 저항하며 전통 생활 방식을 지키면서 느리게 사는 노력을 했다. 그리고 현재 지구촌에는 25개국에 150개 정도의 슬로시티가 있다.

우리가 삼지내 마을에 들어서니 몇 가족들이 문화 해설사를 둘러싸고 설명을 듣고 있었다. 창평은 백제 시대에 형성되었다고 한다. '삼지내'라는 이름은 주변에 월봉천, 운암천, 유천이 모이기 때문에 붙여진 이름이라고 한다. 잘 보존된 전통 가옥, 문화재로 등록된 옛 돌담길이 아늑함을 주었다.

언뜻 길이 어렵지 않아 보여서 골목길을 천천히 따라갔다. 그런데 도중에 한 가게에 들러 특산품을 보고 나오니, 어디로 가야 할지 갈피가 잡히지 않았다. 길을 따라 걸으면 찾을 수 있을 것 같았는데 자꾸 한 곳만 돌게 되어 조바심이 생겼다.

골목 어귀에 '약초밥상'이라는 간판이 보여서 그리로 전화를 걸었다.

"삼지내 마을에서 '가장 좋은' 골목길이 어딘가요?"

"가장 좋은 골목길이요?"

어리둥절한 듯 반문하더니 어쨌든 길을 하나 알려 주었다.

삼지네 마을 골목길에서 두 소년이 하늘을 바라본 후 한 박자 쉬어 간다.

삼지네 마을 옛 돌담길 사이를 걸으며 여유로움을 가져본다.

그 설명대로 초등학교를 끼고 샛길에 들어서니, 작은 냇물이 흐르고 단풍이 곱게 물든 골목이 시골 느낌을 물씬 풍기며 우리를 기다리고 있었다.

도시의 아이들이 그 길을 뛰다가 뭔가 깨달은 듯 천천히 걸었다. 걸으면서 뒤로 돌아 서로의 얼굴을 보면서 괜히 웃어 댔다.

'천천히 가는 것도 괜찮아, 돌아가는 것도 괜찮아, 쉬어 가는 것도 괜찮아, 때론 느리게 가는 것도 괜찮아.' 이런 노랫소리가 들리는 것 같은 착각에 젖었다.

아차, 그러고 보니 여기서 가장 좋은 골목길이란 게 어디 있겠는가. 이 길은 이래서 좋고, 저 길은 저래서 좋고…. 가게 아저씨가 어리둥절한 것도 무리가 아니었구나. 뿌리 깊이 박힌 성급함의 갑옷을 벗으려면, 저기 흐드러진 단풍나무 평상 아래서 늘어지게 한숨 자야겠다는 생각이 들었다.

[서울] 봉사 체험

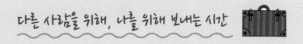

다른 사람을 위해, 나를 위해 보내는 시간

몸으로 부딪치는 현장 체험을 위해 자원봉사를 하다

극과 극 체험을 준비했다. 오전에는 서울 관악구에서 관리하는 홀몸 어르신들을 대상으로 매주 토요일마다 점심 식사를 대접하는 봉사 단체를 찾아 섬김 활동에 참여하기로 했다. 그리고 오후에는 서울의 한 호텔 뷔페에서 근사한 식사를 해 보기로 했다. 그 후에는 한강에서 요트를 타는 체험도 하기로 했다. 일반인들은 자주 접하기 힘든 경험을 아이들이 하게 해 주고 싶었다.

사람은 누구나 노년을 맞이하게 된다. 그런데 마치 자신은 항상 젊은이로 살아갈 것처럼 착각하며 어르신을 외계인처럼 멀리하는 사람이 있다. 이들은 자기 보기에만 자기가 옳을 뿐 남들이 보기엔 어리석은 사람이다.

어르신들은 많은 시간을 살아오셨기에 그만큼 풍성한 삶의 이야기를 품고 계신다. 그러므로 어르신들을 만난다는 것은 우리 아이들에게 행운이라고 생각한다. 이런 생각으로 다만 하루라도 그 행운을 경험하도록 아이들을 이끌었다.

사실 우리 주변에는 어쩔 수 없이 가족과 떨어져 혼자 살아가며 외로움을 느끼는 이웃들이 있다. 홀몸 어르신들에게 마음으로 한 걸음 다가갈 때 우리는 그들과 한 사회의 구성원으로 조금 더 행복해질 수 있다.

홀몸 어르신들은 다양한 이유로 가족과 함께하지 못하고 혼자 살아가야 하기에 도움이 필요한 분들이다. 이런 분들은 사실 생각보다 우리 가까이에 계신다. 홀몸 어르신들께 10여년 이상을 매년 4만 끼 정도 식사를 제공하며 매 주마다 섬기시는 목사님이 계신다. 북한을 탈출한 이들을 돕고, 홀몸 어르신들을 섬기며, 목사님은 현재 이야기 밥상을 운영 중이시다. 인근 각 지역에서 홀로 살며 끼니를 챙기지 못해 도움이 필요한 어르신들께 복지사들과 함께 식사를 대접한다. 혼자 계신 환경에서는 고기류 등 필수 영양소 섭취가 소홀해지기 때문에 이런 행사는 매우 중요한 의미가 있다. 그 목사님을 통해 봉사의 기회를 얻게 되었다.

어느 날 봉사 중에 목사님이 한 이야기를 들려주셨다.

제가 여느 때처럼 이야기 밥상을 섬기고 있는데, 어느 날 한 가톨릭 신자가 함께 나누자고 하시며 수박을 한 덩이 사 오셨어요. 그분이 중간에 가시지 않고 끝까지 남아서 쌀 한 톨도 남기지 않고 식사를 마치셨어요. 그리고 나중에 제게 감사의 문자를 보내 주셨습니다.

"제가 이야기 밥상을 마주할 수 있음은 하나님의 헤아릴 수 없는 은혜 덕분입니다. 감사합니다."

제가 4만 명의 어르신들께 이야기 밥상을 섬기면서 그러한 감사 문자는 처음이었습니다.

이렇게 우리 사회에는 감사와 당연함이 공존하듯이 홀몸 어르신들과 가족들이 어울리는 모습이 한 사회에 공존한다. 그러한 극과 극의 삶의 현장을 아이들에게 보여 주고 싶어서 여행을 기획하고 운영했다.

이야기 밥상에서 밥을 푸며 예선이 마음 속에 사랑도 퍼내고 있다.

함께 현장을 찾아 봉사하던 날 아이들은 조금 놀라는 눈치였다. 홀몸 어르신이라는 말은 들어봤지만, 어르신들을 이렇게 많이 만나 본 적은 없었기에 잠깐의 만남이 인상적이었다.

어르신들께서도 손주 같은 아이들이 찾아와서 노래도 부르고 춤도 추고 안마도 하는 것을 진심으로 반

낯설지만 할머니를 안마해 드리면서 친근함을 배워 가는 아이들.

겨 주셨다. 좋은 마음으로 찾아와 준 아이들의 모습에 흐뭇해 하시는 모습을 볼 수 있었다.

식당 문에서부터 자리를 안내하고, 신발 신을 때 부축도 해 드렸다. 긴 세월을 살아오신 어르신들의 느린 속도에 맞추어 드렸다. 이제껏 외가나 친가의 할머니 할아버지만 가끔 뵙다가 낯선 어르신들께 다가가려고 애쓴 하루, 아이들의 세상은 좀 더 넓어졌고 아이들의 생각은 깊이를 더하게 되었다.

서울 시내 최고의 호텔 뷔페 & 한강 요트 타기 체험

　홀몸 어르신들 식사 봉사를 마친 아이들을 데리고 시내 중심가의 한 호텔을 찾았다. 먼저 호텔을 이용하는 방법을 배우도록 천천히 호텔 내부의 풍경과 뷔페 종류를 둘러보게 했다. 요리를 담을 때에는 한꺼번에 담지 말고 여러 번 다녀와도 좋으니 남기지 않을 만큼 담아서 오게 했다.

　십여 명의 아이들이 고급스러운 호텔에 둘러앉아 식사하며 분위기에 적응해 갔다. 봉사를 다녀왔으니 마음도 뿌듯할 텐데, 배까지 든든하게 채울 수 있길 바랐다.

　우리가 앉은 자리 건너편에 양복 차림의 할아버지 한 분이 눈에 띄었다. 멋진 차림으로 우아하게 칼과 나이프를 들고 식사하시는 모습을 보니, 오전에 뵀던 어르신들이 떠올랐다. 하루 동안 두 곳을 방문한 아이들의 생각을 들어보았다.

　"비싼 데서 밥을 먹으니까 친구들과 함께인 것은 좋지만, 가족들이 자꾸 생각나요."

　"홀몸 어르신들을 지금 이곳에 모셔 오고 싶어요. 우리의 하루가 그분들로 인해 특별한 날이 되었잖아요. 지금 이 순간을 그분들과 함께 나누고 싶어요."

　"오전에 홀몸 어르신들을 뵙고 나

지는 일몰을 바라보며 한강에서 요트를 체험한다.

니까 사회복지사가 되어야겠다고 꿈을 정하게 됐어요."

"오전에 저희가 봉사하면서 대접한 음식은 좀 평범해 보였는데 너무 맛있게 드시더라고요. 제가 어른이 되면 더 맛있는 걸 대접해 드릴 수 있으면 좋겠어요."

"같은 하늘 아래 서로 다른 모습을 봤어요. 빈부격차와 사회 양극화에 대해 고민해야겠다고 생각했어요."

"일상과 특별함에 대해 생각했어요. 우리의 일상이 누군가에겐 특별함이고, 우리의 특별함이 누군가에게는 일상이라는 것 말이에요."

"오전에 목사님이 다 같이 함께 사는 세상이 되어야 한다고 하셨어요. 그런데 호텔에서 만난 사람들의 옷차림 분위기에서 이분들이 자신이 누리는 것을 알고 있는지 궁금해졌어요. 어떤 위치에서든지 타인을 존중할 줄 아는 어른이 되어야 할 것 같아요."

홀몸 어르신들과 호텔에서 양복 차림으로 우아하게 식사하시는 두 어르신들의 다른 모습에 아이들은 여러 생각이 들었다고 한다. 그래서 성경 속 사도 바울의 이야기를 전해 주었다.

> 내가 궁핍하므로 말하는 것이 아니니라 어떠한 형편에든지 나는 자족하기를 배웠노니 나는 비천에 처할 줄도 알고 풍부에 처할 줄도 알아 모든 일 곧 배부름과 배고픔과 풍부와 궁핍에도 처할 줄 아는 일체의 비결을 배웠노라
>
> (빌립보서 4장 11~12절)

마치는 글

꿈 따라 걷는 산책 길

　예선이와 상진이가 초등학교 5학년과 4학년이 되던 무렵부터 제주도에서 한 달 살이를 시작했다. 그 이후 두 자녀와의 한 달 살이는 속초에서, 홍콩에서 그리고 다시 제주로 이어졌다. 그리고 제자들과 함께 태국, 말레이시아, 싱가포르, 이탈리아, 체코, 스위스, 독일, 오스트리아로 길 위의 여행 학교는 이어져 갔다.

　한적한 섬의 매력에 끌려서 필리핀의 팔라완, 인천의 사승봉도, 상공경도 그리고 울릉도와 독도 등 가고 싶은 섬을 찾아 떠났다. 아무도 없는 오직 섬과 바다밖에 없는 무인도에서 아이들은 도시의 화려함과 편리함 대신 불편함과 결핍을 경험했다. 집을 짓고, 불을 피우고, 먹거리를 구하고, 요리를 하고, 섬 주위에서 파도에 밀려온 쓰레기 더미에서 포일과 냄비를 주워 바닷물에 씻어서 밥을 해 먹었다. 결핍은 아이들이 불편함에 익숙해져 가도록 만들었다.

　편리함에 길들며 무기력해지기보다는 결핍된 환경들을 찾아 떠나며 청소년들은 마음과 몸이 더 단단해져 갔다. 그리고 인생에서 가장 중요한 가치 중 하나인 보이지 않는 본질의 중요성을 온몸으로 깨달아 갔다.

　짧은 여행은 장소를 기억하게 되지만, 일상이 된 긴 여행은

299

사람들을 남긴다. 여행자에겐 법칙이 있다. 여행지에서 만난 누군가가 도움을 요청하면 반드시 도와주어야 한다. 그렇게 해야 자신도 여행 중에 어려운 일이 생겼을 때 또 다른 누군가에게 도움을 받을 수 있다. 각박한 현대 사회에서 길 위의 여행 학교에서 만나는 이들은 대부분 좋은 사람들이었다. 그들은 낯선 여행자들이 익숙하지 않은 곳에서 서툰 언어로 다가가도 친절하게 환대하며 맞이해 주었고 그들이 할 수 있는 최선으로 마음을 내어 줌으로써 여행자들을 섬겨 주었다.

태국 끄라비 시골에서 만난 파사이는 사총사의 친구이자 가족이었다. 여행을 마치고 공항으로 향할 때도 파사이 아빠가 우리를 공항까지 데려다주었다. 그 길에서 한국식으로 파사이에게 한국 돈으로 용돈을 주었다. 꼭 한국에 초대할 테니 그때 한국에 여행 와서 이 돈을 사용하길 바란다고 말이다. 그 후 파사이는 우리와의 특별한 여행 이야기를 글로 써서 비엔날레에서 큰 상을 수상했으며, 태국 총리를 만나는 기쁨도 얻었다고 소식을 전해 왔다. 그리고 2020년에는 한국을 방문할 예정이라고 한다. 파사이는 지금도 사총사와 좋은 친구가 되었다.

파사이는 우리가 머무는 동안 도현이 생일에 도현이 이름이 새겨진 케이크를 들고 나타나서 우리 모두를 깜짝 놀라게 해주었다. 낯선 타지에서 가족도 없이 맞이하는 생일날 도현이는 평생 잊지 못할 추억 하나를 가슴에 새겼다.

말레이시아의 그랩 택시 운전사 에디 할아버지는 사총사에게는 할아버지 친구로 마음에 남았다. 잉어가 사는 개울을 찾아서 우리 손에 먹이를 쥐어 주고는 잉어에게 먹이 주는 방법을 가르쳐 주었다. 마치 엄마 젖을 먹는 아이처럼 잉어는 먹이를 먹으려고 입을 손에 대고 쪽쪽 빨았다. 잉어에게 먹이 주는 체험을 한 아이들은 에디를 바라보며 행복한 표정을 지었다. 그 순간 비둘기 한 마리가 날아와서 아이들 등에 앉았다. 아이들은 자연과 어울리는 법을 말레이시아 코타키나발루에서 배웠다. 이렇게 길 위의 여행 학교에서 사총사는 사람의 마음을 얻는 법을 배우고, 소통하는 법을 배우고, 자연과 하나 되는 법을 배웠다.

　아이들은 충북 영동의 오지 마을 물한계곡에서는 숲길에서 자신을 돌아보며 성찰하는 시간을 가졌다. 울릉도와 독도를 찾아가 독도를 눈으로 보고 입으로 말하고 몸으로 기억했다. 군산에서는 한국 역사의 아픈 흔적을 보았고, 4천 평의 감 밭에서는 인생과 공부의 감을 잡아 가도록 노력했다. 서울시 관악구의 홀몸 어르신들을 찾아서는 노년의 삶에서 바라보는 인생을 배웠고, 봉사의 중요성 또한 몸으로 익혀 갔다.

　무인도에서 살아남고, 동남아에서 살아남고, 국내에서 결핍된 환경 속에서 생존한 아이들은 무엇이든 스스로 할 수 있다는 자신감과 함께 자존감이 향상되었다. 이는 학업에 있어서도 스스로 학습을 이끌어 가는 자기주도학습으로 나타나 그 성과를 볼 수 있었다. 그리고 가정에서도 식사, 청소, 요리 등에서 자기주도적인 생활 습관으로 일상을 주도하는 모습이 돋보였다.

길 위의 여행 학교에서 청소년들은 어제보다 달라진 오늘을 맞이하며 마음과 몸을 모두 건강하게 성장시키고 있다. 성장이란 타인과의 비교가 아니다. 어제의 나와 오늘의 나의 내면과 육체가 건강하게 자라나는 것을 말한다.

혹시 이 책을 읽는 독자들 중 방학이나 연휴 또는 주말에 여행을 떠날까 고민 중이라면 그냥 훌쩍 떠나 보라고 등을 밀어 주고 싶다. 떠나야 보이는 것들이 있기 때문이다. 일상에서 보지 못한 것들이 떠나야 보인다. 그때 보이는 것은 떠나기 전에 보던 것과는 전혀 다른 깨달음을 안겨 준다.

2019년 11월
이근우 · 이순오

참고문헌

_강석훈. 외. 왜 우리는 군산에 가는가. 글누림(2014).

_국립경주박물관 편집부. **국립경주박물관 : 신라 천년의 역사가 깃든 보물창고.** 주니어 김영사(2012).

_**굿데이성경.** 생명의말씀사(2004).

_김부식. **삼국사기 신라본기.** 북메이커(2017).

_다니엘 부어스틴. **이미지와 환상.** 사계절(2004).

_문명대. **불국사와 석굴암 : 신라 사람들이 꿈꾼 아름다운 세상.** 주니어김영사(2018).

_박성숙. **독일 교육 이야기.** 21세기북스(2010).

_알랭 드 보통. **여행의 기술.** 청미래(2011).

_앙투안 드 생택쥐페리. **어린 왕자.** 새움출판사(2017).

_윤승철. **무인도에 갈 때 당신이 가져가야 할 것.** 달(2016).

_앤절라 더크워스. **GRIT 그릿.** 비즈니스북스(2016).

_이기동. **대학 중용 강설.** 성균대 출판부(2014).

_이순오. **어울림 토론 잠자는 교실을 깨우다.** 초록비(2017).

_이은석. **경주역사유적지구 : 신라 천년의 왕국을 찾아서.** 주니어김영사(2019).

_조세핀 김. **우리아이 자존감의 비밀.** 비비북스(2011).

_조진표. **진로교육, 아이의 미래를 멘토링 하다.** 주니어김영사(2012).

_하이타니 겐지로. **햇살과 나무꾼. 모래밭 아이들.** 양철북(2008).

_홍양표. **엄마가 1% 바뀌면 아이는 100% 바뀐다.** ㈜와이즈브레인(2014).

_호사카유지. **대한민국 독도 교과서.** 아이세움(2012).

_이동미. **여행작가 아시아 최초의 '슬로시티' 삼지내.** 한겨레신문(2013).

_(원작) 유홍준. 김경후. **10대들을 위한 나의 문화유산답사기①:신라, 경주(2019).** 창비(2019)